REGENERATION

A Common Way Of Rural Construction
& Urban Development

更新

廉毅锐◎著

乡村建设与城市的共通之路

中共中央党校出版社

图书在版编目（CIP）数据

更新：乡村建设与城市的共通之路 / 廉毅锐著 .--

北京：中共中央党校出版社，2021.7

ISBN 978-7-5035-7150-3

Ⅰ . ①更… Ⅱ . ①廉… Ⅲ . ①乡村规划—建筑设计—

中国 Ⅳ . ① TU984.29

中国版本图书馆 CIP 数据核字（2021）第 111440 号

更新——乡村建设与城市的共通之路

GENG XIN

责任编辑	席 鑫 曾忆梦	
责任印制	陈梦楠	
责任校对	王明明	
出版发行	中共中央党校出版社	
地 址	北京市海淀区长春桥路 6 号	
电 话	（010）68922815（总编室）	（010）68922233（发行部）
传 真	（010）68922814	
经 销	全国新华书店	
印 刷	中煤（北京）印务有限公司	
开 本	710 毫米 × 1000 毫米 1/16	
字 数	270 千字	
印 张	25.25	
版 次	2021 年 8 月第 1 版 2021 年 8 月第 1 次印刷	
定 价	75.00 元	

微 信 ID：中共中央党校出版社 邮 箱：zydxcbs2018@163.com

大家说

对城市和乡村而言，我理解的更新，不是弃旧图新推倒重来，而是老树新芽有机生长。其实更新就是创新，就是激活，就是人居环境积极化。乡村更新，首要的是人的思想观念更新，这些人包括各级领导干部、各类村民、策划规划设计者、投资运营商、第三方、各类民间组织等等。而阅读这本书则是思想观念更新的有效路径之一。

——栗德祥　教授　中国建筑学会环境艺术专业委员会副主任，中国建筑学会教育与职业实践工作委员会委员

乡村如何在城市改革的发展中获得开放性和现代性，而城市改革又如何与中国传统文化相结合，这是中国城镇化发展非常重要的课题。廉毅锐先生不畏艰辛，深入乡村现场，在当代乡村生活的现实基础上，"更新"乡村建筑，激活乡村内在的文化传统和人文历史，让我们看到乡村发展的多种可能性。这本书既有理论的建构，也有作者多年实践的案例分析，非常富有启发性。在这里，"乡愁"不是一个抽象的概念，而是一个人用自己的智识和爱踏踏实实地行

走在大地上。

——梁鸿　中国人民大学文学院教授　作家

"广阔天地，大有作为"，这个近半个世纪前响彻神州大地的口号，如今又带来了城市建设范式下沉到乡村的悸动。我一直怀疑基于城市经验的职业建筑师在乡建中的职业能力，因为这种能力在乡村中找不到支点，所以也一直期待以乡村为本体的思想分享。近年来，作为产业园设计专家的廉毅锐，平行地发展出了一条乡村业务线，自觉地把产业园思维作为设计策略，自律地以乡村问题为设计出发点，自由地在广阔天地放飞设计理想，做出不少业绩。这本书集成了这个实践过程中的理性反思，让自在的创作升华为自为的实践，成为可带来同行们更大作为的教材。

——王辉　学者　URBANUS　都市实践创建合伙人　主持建筑师

试把金针度与人

与绝大多数有能力驾驭"空间魔法"的建筑师不同，本书作者最大的爱好，就是揭穿空间魔术师们眩目技法背后的底层奥秘。作为一位在旧城更新、产业园区和乡村建设领域都卓有成就的设计名家，廉毅锐辽阔的认知视野和思想场域极大突破了建筑学常规的技术次元，而切入到空间生产的社会机制、经济机制以及组织机制。更难能可贵的是，这些顶天立地、旁征博引的系统思考，并未板起所谓"学术"的说教面孔，而是通过一个个作者亲身经历的鲜活案例娓娓道来，让读者在无痛乃至充满快感的阅读体验中，感受到"思维金针"刺透时代纷繁表象的彻骨锋利。

——周榕　学者　评论家　策展人　清华大学建筑学院副教授
中央美院城市设计与创新研究院副院长

一个世纪前梁漱溟先生发起的乡村建设运动，提出了以社会为本位的建设方案，以振兴儒家文化为宗旨，通过乡村建设以达到改良社会之目的。虽然梁先生的乡建运动在当时积贫积弱的中国没有取得成功，但仍是"中国农村社会发展史上一次十分重要的社会运动"，并为当代中国的三农问题提供了极其重要的视角。

《更新——乡村建设与城市的共通之路》是廉毅锐先生以建筑师的视角，基于自身多年的乡村规划设计与实践经验，并结合发达国家乡村规划建设战略而写就的一本著作。之前，已断断续续阅读过廉毅锐建筑师发给我的多篇小文，我对他在乡村规划建设中对地方文化的尊重并采取的"克制性规划"印象深刻。虽然规划建筑师在中国的乡村振兴战略中力量有限，但我从中看到了廉毅锐建筑师对梁先生理想与宗旨的响应。"道之所在，虽千万人吾往矣"，虽然乡村规划与建设中矛盾重重，挑战诸多，但我们相信，追随梁先生的理想，更多的建筑师与规划师可以在阅读这本图文并茂的著作之余，在未来的中国乡村规划建设中贡献自己的力量。

——田莉　清华大学建筑学院教授　城市规划系副系主任

更新

本书展现了作者广阔的视野、灵动的思维和务实的手段，由城市及乡村，由产业及文化，开辟出一条独具特色的空间策略之路。

——罗德胤　清华大学建筑学院副教授　乡村复兴论坛主席

一生悬命营业中

本书作者的创作和生活状态是多重线索的，滚动呈现。我们之间关于建筑创作的讨论多在清酒局，在一块"一生悬命营业中"的牌子下面。

"一生悬命"即古日语的"一所悬命"，将毕生心力致于一事的意思。这"一事"之于作者，也许可以概括为把一个个真实的思考落实在祖国大地上，为发生其中的日常生活提供支撑。

本书很像一本建筑师的草图集，把交织着产业振兴、乡村更新、空间操作的思考都先兑换成二维的图文，再一张张铺陈开来，其效果是震撼的。最近建筑师安藤忠雄也是这样展出自己的草图，展览的题目是"建筑，一场永无止境的挑战"，也是一生悬命的意思。

——张昕　清华大学建筑学院党委副书记　副教授

序一

三年前，为廉毅锐上一本书所做的序，还在记忆中。那一本书叫作《产业·人居·小镇》。他曾经用最简单的案例和最浅显的语言，讲述对于产业园区的理解，并逐步将产业园区的逻辑下探到"小镇"这个概念层级。这种理解不限于一个建筑设计师的简单设计工作，是从产业园区的产生原因，土地逻辑，甚至开发和运营的方式方法选择来探索设计的应对之路。

那个时候，他就开始出入国内外乡镇进行考察调研，掌握了大量一手的资料。流露出对于产业园区是否能够、如何能够与乡村融合，从而通过产业给乡村赋能的念头。当时给他的序言里，曾经希望他能继续下探，再伏低身体，去大量的乡村调研，寻找乡村设计的逻辑。

乡村设计的展开，是一个波澜壮阔的国家战略。作为战略，需要大量的具体工作者在一线探索其执行的方式方法。在设计行业，就是要在当下的乡村建设中间，做好设计。也许对于廉毅锐来说，这还不够。他在这几年的设计实践中，完成了几个作品，也得到了一些奖项。不过，似乎他更希望把实践中所有的收获转化成为思考，传播出去。

　　乡村建设包含的内容有很多，规划设计是其中一个把想法和实践连接起来的环节，这是一个执行也是一个思考。对于希望能够带来振兴的建设行动，我们也需要一些能够统一判断和评估的价值体系。可以在前期进行符合目标的策划，定义功能和类型，规模和大小。也可以建立一个标准能够在建设之后跟踪这个实践是否符合建设意图和定位。这个前后的审视可以把乡村建设的合理性提高，也可以把乡村和城市的融合关系从口号逐步转变为实际。

　　运用更新的方式方法来看待城乡融合下的乡村建设，小规模渐进式地开展，总体上说是谨慎的。乡村的经济和技术基础相对薄弱，不一蹴而就减少犯错的可能，也便于边建设边加深认识。

　　城市建设中的更新方法，在乡村建设中的运用也有助于联通城乡之间的共通思路，更便于对话对接。

　　从产业园区的发展、改变、进阶，展望是否能够把建筑当作产业的落地载体，在城市中有过不少案例佐证。廉毅锐希望探索产业进入乡村的方式以及乡村产业园区的可能性，是一个对于城市资源与乡村资源协同共生的思考。这个思考还在路上，仍然需要更多学科的交叉研究，这里至少还需要农业、土地、自然生态环境、产业、经济、人口等方面的综合观察。实践的道路将会是持续和警醒的，是需要不断回头看，不断验证以及调整的。

　　几年来，廉毅锐和他的设计团队，在所承接的乡村建设的项目中，有意识地运用了更新的思想和设计方法，用小规模的，渐进式的，改造为主的方式去做乡村的设计。同时思考遇到的情况、问题和经验，一边生产一边探索一边总结。也仍然坚持使用了文献研究和田野调查的路子，把已知的设计模式与新鲜陌生的乡村现状渗透，互相印证，形成了一些一手的认识。这种把日常工作看作是一场大的田野调查的方法，使得其对项目的认识突破了简单的设计任务，联系起来了社会学、经济学的一些因素，对于乡村，形成更综合的看法。这些看法不仅影响了他的设计，也促使他希望传递给同行以及在基层的决策和执行人群。

乡村建设为了振兴，如何振兴，不仅仅是个人的尝试，也是从授人以鱼到授人以渔的转变。

中国工程院院士

全国工程勘察设计大师

清华大学教授

清华大学建筑设计研究院院长兼总建筑师

2021年5月12日

序二　廉毅锐与村口的大鱼

2020年春天，新冠肺炎疫情正在全球蔓延的时候，希腊塞萨洛尼基电影节邀请我用最简单的摄影器材、最简单的剪辑软件，在自己的家里或者办公室里制作一部关于疫情的短片。剧本写好了，是两个好朋友的故事，其中一个是建筑师，一个是导演。这部短片可以说是为廉毅锐量身定做的，因为在疫情期间的北京，廉老师是我为数不多、还敢打扰的朋友。

电话打过去，他果然没有拒绝，还打趣地问我：你说这次我是男主角，是不是要我带资入组？朋友间，廉老师有个外号叫"龙套界达人"，他被我拉去在《江湖儿女》中跑过龙套，结果三个镜头在完成片中被剪掉两个。我说，咱们不学社会上的歪风邪气，不需要你带资入组，但没有工资是肯定的；另外，剧情需要，得演示你的几件作品。我开玩笑，这算是给你的作品"植入广告"了一把。

廉老师是清华大学建筑设计研究院产业园区中心的主任，拍摄那天，他戴着厚厚的口罩从海淀到了东城。拍到演示自己作品这一情节的时候，他把文件拷到电脑里，不是他广获美誉的"平遥电影宫"设计方案，也不是他在全国各地设计的众多产业园，他带来的作品是他在山西沁源县搞的乡村建设方案，重获新生的"沁源县化肥厂改造"，重塑乡村精神的"沁源琴泉村环境改造"。"乡村建设"一直是廉老师思考的重点，他曾为此跋山涉水；"乡村建设"也一直是他情之所牵，他为此笔耕不断。我们这些朋友都受了他的影响，我回老家，在贾家庄建设了"艺术中心"，中央美院的何崴教授被他拉到沁源搞了"韩洪沟村造币局民宿"。

有段时间他常常去沁源。沁源属于长治市，但与晋中、临汾两市相连。因为这样的地理位置，这里还没有通高速公路，这在当今的山西是很罕见的。廉老师从太原去到沁源，开车走国道，差不多要五六个小时。他就这样去了又回，回了又去，翻过太岳山脉的一座座山峰，和地方领导、村里的干部、具体办事情的村民沟通。他的乡村建设观念，首先强调设计师要先去了解项目所在地村民的情感逻辑和人际关系，设计不是蛮横入侵，应该充分了解村民的生活肌理。他强调设计与规划可以助推村子里产业的发展，常常望着设计方案自语：何以为生。乡村建设与规划是把好的观念和可行的产业规划落地农村，不应该仅仅留下来设计师的个人美学趣味。

短片拍摄顺利，可能因为摄制组只有4个人，廉老师非常松弛。与他演对手戏的另一个演员是我。表演的时候，我看着他乡村建设的方案说：这是沁源山里？他伤感地说：疫情期间，只能在家里搞乡村建设。

《更新——乡村建设与城市的共通之路》的出版，一定是他疫情期间在家里进行乡村建设的结果。疫情期间人无法摆脱隔离，心却可以千山万水。我常常想起廉老师在村庄里游走考察时快乐的神情，特别是他表现出来的对不同村庄的好奇与求知欲。那时候的他，人放得很低，脚踩得很实，思绪一定飞得很远。乡村建设不是一个一个的"活儿"，对建筑规划师来说，乡村建设的经济体量很小，但因为背后是情感与责任，这个"活儿"变得很大。

2020年夏天，疫情可控、允许旅行以后，廉老师邀请我去了一趟沁源。车从我老家吕梁汾阳出发，从晋中平遥一侧进入沁源，到达大鱼村的时候太阳已经落山。我们在天光中站在大鱼村村口，那里有一栋房子是村委会，一直是村民聚集聊天的中心。村委会的外立面上，用小板儿拼出来一条生动的大鱼图案。

我问他：为什么是大鱼？他说：鲤鱼是琴泉村古老的文化图腾，传说中骑着一条大鲤鱼穿梭在黄河中的音乐家琴泉真人就是本村户口。

我问他：这是什么材料？他说：半透明亚克力片。

我问他：为什么用这个？他说：便宜，好更改。

这时候，他的电话响了。是北京那边他单位的来电，通知他，大鱼——琴泉村改造项目获得了德国标志性设计奖"Iconic Awards"的2020年度创新建筑奖。

我们两个高兴了一会儿，然后他说：对经济条件不好的农村来说，便宜、好更改非常重要。

他擦了擦眼镜说：因为我们不一定都对。

贾樟柯

目录
▶CONTENTS

更新

本部分主要从旧城更新的设计经历开始关心交叉的社会学科等，逐渐进入产业园区设计，在此过程中关注到产业园区下沉进入乡村的可能。

　　同时介绍了之所以写此书的初心：总结自己的设计经验，拓展对于乡村设计的理解，符合产业振兴、文化振兴乃至乡村振兴的目标方向。实际过程中发现很多现实的问题：设计师与地方主官以及基层村官村民对乡村建设普遍缺少统一理解，系统路径。希望借用"更新"的设计思想和方法来作为乡村建设的主要途径。从而形成共识，能够前策划，中共识，后评估。

写在前面的话

乡村不只是田野。

乡村建设的过程却像是一次漫长的田野调查。

这次的前言，实际上更像是全书的后言。在写完全书的绝大部分之后。一直不能找到自己为什么要把它写出来的理由了。

原本是希望把一个清晰的国家战略，在自己生逢这个时代之下，参与其中的最直接感受，来一次翻译。乡村建设是一个历之弥久的长期事情，是个国策。国策就是听着都懂，干起来却不知道具体如何下手。最大的特点就是政策导向很清晰，如何发展建设的战略步骤，省长们都会，但是布置下来后，乡长、村长们都还陌生。根本原因是战略的核心目标看不清晰，究竟乡村振兴是为了什么，振兴谁。

在进行具体设计实践的同时，希望能够总结，把无形抽象的理论和导向，拉低到身边最基层最看得到摸得着的实践道理中来。

讲述每一个项目的心得，呈现任何一个项目中都可以折射出的各种问题包含的内容和对策。中国幅员辽阔，十里不同音，情况各异，但共通之处也是甚多。甚至是，出路各不相同，但容易造成的失误大多类似。

对于更新，我是不陌生的，曾经在几个不同的旧城老城，老的高新区产业带都展开过与更新有关联的规划设计工作。那缘起于上学期间进入北京二十五片保护区规划其中什刹海片区的保护规划小组，开始对于旧城的更新的初步认识。在这期间，发现了对于存量的规划设计牵涉到土地、产权、文物、经济、社会学等一系列的问题。那是第一次开始用不单单出发于建筑设计本身的规律来思考项目。这很有意思，给了我一个启发，建筑设计的目的是什么？是要为了与这个建筑相关的几方人群来解决生活的问题。在此之后，开展了西四头条到八条、德胜门内大街、新街口东街、赵登禹路的几个历史街区的沿路改造，涉及道路大量的更新范畴的工作，开始对更新工作实践有了初步的系统认识。

旧城的更新是一件很累的事情，好在累了没多久，展开了从旧区到新区的工作，进入了产业园区的设计研究领域。这个转变算是很大，满以为人生可能就这样了，平静的心不会再与更新有交集了。

没想到，对于城市新区、高新区的工作范围没有限制住对产业园区发展方向的加深和放大。我很快就开始意识到，单纯的城市边缘区的产业园区将会面临两个问题：一个是增量国有工业用地逐渐开始稀缺，一个是城市新增企业增速正在放缓。这是一个产业园区的供求关系。实际上是一个产业和经济发展的博弈。从前的产业园区担负着用产业来拉动新区地价的责任，一切的产业园区建设和运营都恨不得是鱼与熊掌兼得，能够既带来产业，也带来地价增益。鱼和熊掌兼得是很难的，那么在舍得的关头，可能政府和开发商的共谋支点就仅在于拉高地价的土地财政思维了。

土地财政在那个时期是不高远但现实的思维。基本的建设时期配合基本的土地财政差不多完成了基本的积累。

下一次的城市的竞争不再是地价了，而是经济结构，是究竟有没有拉来产业。所有的盘盘罐罐都要揭开的时候，盘子里到底有没有肉，是决定哪家饭馆能有人来的揭晓时刻。

所以，城市核心区域的建设目标不再是土地价格上涨型的小规模存量工业用地和用房（包括教学科研用地用房）的更新改造，将会成为城市吸引承载优质产业的精锐部队。

首当其冲的是从前已经招商开业过的老的工业片区，它们容纳的企业有些现在已经不再有正常的经营，有些已经不再具备环保许可，有些厂房车间已经不能再匹配现在的生产情况。至于风貌，多数仍然是蓝色彩钢板的简易车间，更加是与身处之地的城市环境格格不入。这些区域所面临的改变比较多见的是"腾笼换鸟"，既改变企业业态也改变建筑环境。

还有一部分被称为工业遗存的老旧厂房。随着城市化的大饼摊开，过去几十年的厂区已经从当年的城郊变成了如今的城市中心区。生产不宜，生活也不宜，生态更不宜，三生不宜。大多数已经面临或者已经迁址另建，留下的厂区也需要在不改变土地属性的前提下，改变功能，改变建筑形式，开始城市新功能。

你看，还是要回到更新了。

这种城市老区的产业园区方向的更新，相比较原来的新区开发型园区，规模变小了，距离分散了，与城市更融合了。如果仔细观察的话，会发现，他们左近往往又存留着一些同时代的特征——城中村的存在。

既然同是为了解决原有土地存量的产业新生供求，具备了小规模和分散的可能，保持了城市融合的性质。大量的有产业需求的小规模分散的土地又何止是城市里的工业遗存和城中村呢？

大量的乡村的经营性集体建设用地岂不是更加有这个需求。那么他们有没有这个能力呢？

乡村仍然是弱流地区，这个弱流的流是"人流，钱流还有信息流"。既然是弱，就不怕从简单开始建设。恰逢新世纪，中国展开了庞大的乡村振兴的工作，其中首先就提到了"产业振兴"。产业在乡村的振兴除了对于传统农业的现代化提升，会不会伴随着互联网和后工业的分散共享特性，能够在城市和乡村之间有合适形式落地呢。就算是不能发生马歇尔的传统的产业聚集，有零散的产业逐渐落地也是好的。土地、户籍人口、互联网化之后的信息和物流的基本要素在单纯的纸面上基本具备了。

就这样源于自己对于产业园区和乡村双重的关心，从城市的边缘区域，想找到一条更适合乡村与城市搭桥的产业发展的道路。误打误撞地进入了乡村设计之中。没想到这一进来，就开始了一次长期的、不仅仅是去纸笔设计，更是观察与思考。

在这些置身于乡村之内的工作中，周遭的各种设计相关工作牵连着各种与设计看似无关的工作。有的是地权，有的是钱，有的是政策，有的是法律，有的是人，有的是关系，有的是恩怨，有的是利益。有的是文化的不互通，有的是身份的猜疑，有的是男女的不平衡，有的是老幼的不放心。有动人的无私，也有权利的游戏，有城乡互助的美好进展，也有傲慢和贪婪。这些看似无关的社会现象，本来就是社会学田野调查的得力方法和工具。然而，一个巨大的建设系统展开，远不是社会学能够直接物化量化解决的，当然，也不是建筑学通过物化量化就能简单解决的。希望找到一条园区和乡村的桥梁，完成一次产业振兴的建设载体之功能。

是一次建筑学和社会学的交织田野。

对于乡村的脱贫，可以看到大量的工作已经通过计划色彩下的政府努力投入。接下来长久的更重要的工作是巩固和维护，市场化的行为必然替代单一政府的投入。可以不庞大但是贵在持续的日常收入，应该通过逐渐展开的产业化内容来作为不因病因事返贫的保障。那么，乡村的建设就不应仅仅是一个文化价值观和审美的事，这个建筑的载体应该是能够承接新的市场化经济实体运行的空间。

设计一个空间，对于设计师来说，是基本功。按说不难。

但是，与身边大量的设计同道们一起，随着乡村建设的大趋势，随着不断涌现出来的乡村建设要求进入乡村之后，发现，乡村对于我们来说，实在是太过于陌生了。设计师群体大多数受到的多年教育基本是建立在城市建设逻辑之上的。有时候，在没有任务书，没有用地指标，没有功能文案的时候，设计师要用自己的经验来补位。能不能补好这个设计之外的角色，会直接影响面对乡村设计结果导向。到底建造什么，建造为了什么。变成了开始设计之前的一个问题，这个问题，大家都还没来得及想得多么清楚。

更别说建造的方法，涉及微小的规划（乡村规划往往侧重于解决的是土地的权属和整个村域的用地发展策略）和具体的设计方式。

一部分乡村的交通，环境，房屋质量，田地配置已经不再适合居住，从资源分配角度和摆脱贫困的效率角度出发，选择了拆村并点，另移他处。那么他处之所居，如何解决新的生活生产建筑载体，也需要认真周全的设计计划。

更多的乡村，仍然将延续千百年来的传统乡村地区。原处的村庄，必然有着种种生活生产上落后于时代的建筑环境，甚至一些旧的村落局部已经因空心化而甚少有人住，房屋坍损，道路废弛，给水排污、保温隔热都不尽如人意。凡此种种，是拆是弃，是修是补，是改造还是新建，是改为新建筑还是新建成广场。在乡村建设中的判断，需要一个基本的价值依据和方法。

乡村也太弱了。想要用新建的办法来改变面貌，需要大量的投入，时间就是矛盾之处。另一方面是，我们多数的设计师教育来自如何为城市服务，进入乡村之后，我们的知识和经验，开始部分失效。不适应的还有设计群体的判断力和心态，最关键的问题就是，设计师不知道乡村需要什么样的建筑。同样不适应的还有地方的管理者，他们也不熟悉如何面对这么大规模的设计师和工程量。也不知道乡村设计应该用什么样的方式，以及乡村建设的规律。

对于小规模的功能置换和建筑设计，在城市范畴内，倒是曾经有着类似的研究领域。那就是老城的更新。面对一些曾经兴旺，又逐渐物理环境老化，人口流出，功能陈旧的老旧城市片区，设计领域曾经连续关注，著作和案例颇丰。不仅分类了旧城、老城、内城、历史街区等概念，也分类了更新、复兴、复建等方法。通过大量的实践还总结出了修复、整饬、加建、新建、拆建等实操的设计和建造具体手法。可谓是对于更新存量土地和存量建筑的宝贵经验，这些经验虽然源自对城市局部的目标，但是，这些目标与急需更新的当下的乡村有一些明显的共同之处。人口流失，功能落后，需要产业补位，需要生态修补，需要新的经济形态刺激，需要小规模，需要审慎对待原住民生活方式和文化。

就这样，挖掘到乡村的存量的时候，我们发现村庄和原来旧城的共同之处。于是开始借用"更新"这个相对完整的设计方法来重新审视能否适用于乡村环境。希望能够把"更新"这个概念，借鉴一个原来城市地块中的已有的类似框架，正式地融入到大量的乡村建筑设计师的工作思路中去，切实地解决一些设计策略上和手法上的问题。免得建设头痛医头，临时起意，而能够代之以建设之前就有前瞻策划，前置判断；建设中期能够有系统性的全局观念和一以贯之的协同手法；建设之后，能有一个有理有据的后评估价值依据。

近年来所做的这些工作之中，围绕这个思路，一边实践，一边构想，一边验算，一边总结。把实际设计建设中所运用的更新的技术路线做了一个描述，同时也把更新的基本概念和相关的理论发展摘选出了能与城乡融合建设发展的内容作了一个简单的介绍。实际上每一个案例，不论是国外已有的，还是国内同行们已经完成的，都内中蕴含了不同领域的综合思考过程，这些思考并不复杂，但有时候隐含在了表象下层，不易为人察觉。我们就是把它翻出来放在桌面上说出来，让人看到。通过这些文字语言，希望把有限的案例和所思所得能够交流给同样的设计师同行和地方乡村建设的参与者。

直接把乡村更新的概念运用于实践是起于山西省长治市沁源县，县郊河西村片区的村庄环境提升和村外的化肥厂改造。

2019年在改造完成后的沁源化肥厂中，蒙清华大学建筑学院罗德胤副教授不嫌其陋，将其倡导的"乡村复兴论坛"放在了此地召开。以下内容就是在开幕式上我所做的一个简单介绍。特别集中地反映了我们在乡村建设中运用更新的方式，并且做总结和介绍。希望能不仅仅是完成了一个项目，而是能作为一个方法和模式，面向的并非是学术界的创新创造，而是实践操作层的一点点加快清晰的揭幕而已。

这个演讲稿曾经发表在罗德胤先生主编的《乡村复兴论坛·沁源卷》中。事后看来，竟然可以浓缩作为我这本新书的前言。

乡村更新本身是一个半熟不新的词，或许大家更熟悉的是城市更新和旧城更新。为什么提乡村更新？这是我们在沁源的一系列改造过程中，希望贯彻的一个新的思想。我们现在称它为"沁源的方式"，随着时间继续推进，下一步将把它总结成"沁源的模式"。现在只是沁源的乡村更新过程中的一个阶段，"乡村复兴论坛·沁源峰会"500余名代表的到来，力证了我们的更新改造是有必要的，且目前看来已经初见成效。

一、从沁源化肥厂说起

为什么选定沁源化肥厂作为此次乡村复兴论坛的会址？化肥厂是一个工业遗址，这与我们过去所谈论的乡村改造有什么关系？按照传统思维，一般认为乡村就是只能够搞农业的地方，而乡村改造就是民居的改造。其实乡村不只是一个可以发展农业、为城市生产粮食的地方，而乡村改造也不只是民居房屋的再造更新。在实现农业现代化和城乡融合发展的历史背景下，乡村产业的复兴，就是要重新激活乡村的活力，促使乡村产业在现代文明体系当中找到自己的位置，得以复兴和重建，同时建立起来的文化关系特征还能保留适合乡村的进行方式。

沁源县化肥厂于1969年开始筹建，于1974年正式投入使用。

这次的会场使用主要是从开放空间的再次设计开始，梳理功能流线，尽可能保留原有厂区肌理，建立新的与近邻村庄的步行走廊流线，确立会议使用的主要空间和辅助空间，用景观手段提示会场内的主

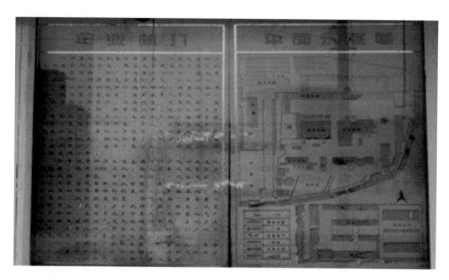

沁源县化肥厂企业简介与平面示意图

沁源县化肥厂鸟瞰

要视觉中心和副中心，打造一个新与旧的混合、工业遗存与当下时尚的共生氛围。

沁源县化肥厂的历史与地理位置赋予了它作为乡村复兴与重建的示范作用，对化肥厂改造的目标是促使其能够带动激活乡村的产业与活力。以往做工业遗址改造和做乡村振兴改造的通常是两拨人，我和罗德胤老师现场考察完回到北京后，进行了一次彻夜长谈，讨论要不要把这个化肥厂、河西村片区作为我们来打造的片区。最终我们决定把它叫作"河西片区"，化肥厂是河西片区的一部分。

作为沁源县城为数不多的工业遗址，化肥厂基本保留了原有的建筑风貌，也反映了一个时代的痕迹。化肥厂位于沁河镇河西村中东部，接近沁源县东北部的入口位置，紧邻省道，距离县城中心约3.5公里，距离商业区约4公里。化肥厂往南是河西村，河西村再往南是县城里新建的文化中心，那里集中建造了沁源县的文化馆、档案馆、展览馆，几馆合一，这组现代风格的建筑群是2000年前后的时代产物。建筑群一侧是沁河，另一侧是狼尾河，夹角形成的Y字形区域，是一个公共绿地。

河西片区无疑是20世纪六七十年代以来，集中反映中国的建设的几个历史片段的片区。这种设计案例是偶然才能遇到的，太珍贵了，对于设计师来说很有趣，当然确实也有一些挑战。由此我们都坚信河西片区能够把所谓的城乡结合统筹，并且能把工业遗存和乡村振兴结合起来。坦白地讲，几馆合一建成这么些年了，仍然处于活力并不强盛的状态，我们希望通过这次打造河西片区，能够把这几馆纳入到整体活力中来，使它们能够互为补充。

二、乡村工业遗存的优势

乡村工业遗存的优势在哪里？工业遗存这个词非常好，第一它留在这里了，第二它暂时不会消失，还存在着。从历史脉络梳理乡村，曾经存在乡村工业的发展，从一个佘村的案例中就可以看出工业遗存伴随着乡村工业的兴衰起伏有着自己的存在方式。很多村庄都有过特别切合自身条件的工业，比如纺织、印染、服装、水泥、砖窑、煤矿、食品、非物质文化作坊等，我们要再去找到它们。它们在乡村更新改造中是遗珠，不应该被遗忘。我们的工业文明和城市文明依靠农业哺育了很多年，现在我们有了重新反哺乡村的时间窗口，我们要改善乡村的人居生活舒适度和产业兴旺，抓住这个反哺期的窗口，引入产业，不论大小，不论是一产、二产、三产，还是能结合起来的新型农业发展模式"新六产"。这也是我对于乡村振兴的一个初心。

工业遗存的优势很明显。第一，工业遗存的体量比较高大，一

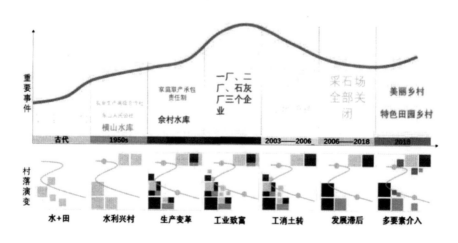

佘村的发展演变

般村子里的工业遗存相对来说都比民居高、比民居大，比较适合做产业内容的载入。第二，工业遗存和村内的人居往往有一定的距离，改造它不会过多影响村民的生活。第三，更重要的是产权问题，原来我们村里的村办企业往往是建立在村庄集体建设用地上，并且分得很细，现在的规划文本里，大多数都用"村庄产业用地"这个词来代替了。当我们能够避开大量的产权纠纷、利益纠葛的时候，原来的村庄集体建设用地上的一些遗产改造给我们带来了便利。

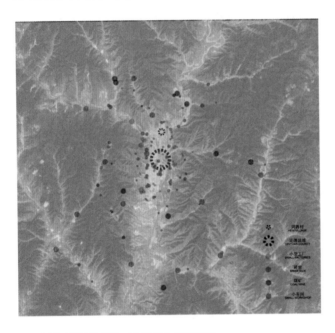

沁源县城及周边地区的工业遗产分布示意图

这些遗产就是存量。类似沁源县化肥厂的厂房有多少呢？我展开研究的时候还挺吃惊的，原来我想象中十几个村子里有一两个就不错了，通过沁源县住房和城乡建设局同志的大力支持，初步调研的结果显示，距离沁源县城较近的周边地区，就有十几处厂房遗址。仅仅一个沁源县就有这样一种遗存状态，放眼全国，乡村的工业遗产存量是不可估量的。由此，我提出把"更新"这个概念引入乡村建设中。

三、在乡村建设中引入"更新"的概念

乡村建设这个词挺有意思，在十多年前的一次学术讨论中，同济大学一位教授明确提到用"乡村建设"这个词代替"乡村规划"，因为乡村建设侧重于落实。我从2001年开始做乡村规划，明白乡村规划意味着什么，乡村规划主要是在国土空间规划的背景下进行。这位教授用乡村建设这个词把对乡村的思考拉到实践上，我非常赞成。什么是乡村建设，每一位设计师都有各自的路径、手法，引入更新的概念，旨在给设计界提供一个更加可操作、可讨论的范畴，即用什么态度、什么手法来面对乡村建设。

更新这个概念在城市建设中的释义已经很清楚了，一提更新大家都知道是修整、慎重重建。更新也不是一个纯粹的理论问题，是一直缠绕着实践的实践问题。更新是一个针对不再适应的建筑环境的人居、产业功能改造问题，其中必须结合生态环境和历史人文一起考虑。吴良镛先生在提旧城更新的时候说过"有机更新、微小循环"，这些方法都可以运用到我们对乡村的存量用房改造中。对于乡村来说，这个时间窗口恰好是我们面临的主要问题。让设计师在实践中思考对于乡村这个"弱流量"地区，用一个什么样的审慎态度、循环态度、有机生长态度来做更新。

更新这个词首先就是把以前的大拆大建、集体讲美化的手法拽回到一个小动作、小循环的过程中来，在还没有见到大量收益的情况下，用最小的成本、最低廉的方式做"蓄水"的工作。什么情况要维修，什么情况要整修，什么情况要修饰，什么情况要更换门窗，什么情况可以拆一部分，什么情况可以全部拆除但是保留空地等，

更新的概念涵盖了一系列比较成熟的做法。我们要把城市建设中比较成熟的思考反哺到乡村建设的设计工作中来。"更新"是我们在沁源实践的一条道路，并且想推广给广大的乡村设计师。

四、沁源的"1 + 14"圈层选点

在沁源的乡村更新中，我们采用了"1 + 14"的建设模式。1是指县城，14不是一个实数，而是指县城周边的n个村子。1和14是不分主次的，不是说1就是核心，而是指县城与周边村庄形成一个网络体系。中心大环是县城，小环是县城周边的一些村子，由我们对各个村子的判断、重要性及其与县城的距离，逐渐扩散。其中有个小矛盾，往往距离县城越远的乡村，风貌越是原生态，风景越好。如何改造风景优美的乡村，如何能够真正将改造后的物质形态和经济行为契合起来，这需要进一步的深入研究。

在中国大量的县城周边，存在着乡村，如果这部分乡村完全脱贫的话，生活条件可能比别的偏远乡村要优越。但是不仅仅是脱贫，还要防止返贫，因此，在一定时期内，还需更好地巩固这个脱贫成果。比如2018年夏天到沁源县城拍纪录片的时候，我遇到一个人，他靠着卖粉条的手艺本来生活得还不错，因一场车祸花光了所有积蓄，等他再攒些钱的时候，儿子上大学又掏空了所有家产，这件事情令我感触很深。我们希望通过改造让乡村和县城建立比较畅通的信息流、人流和物流。

目前，沁源县的方式是建立了一个规划层面的圈层结果，我们围绕县城这个一，选择距离县城较近的几个村先行改造，因为这几个村

相比较更有一些优势，比如交通、人口、产业基础及其与县城的互补，我们捕捉到这些微弱的优势，希望转优势为胜势。之后，逐渐进入到第二层圈。令人欣慰的是，也有其他的同行在浅山区实践了几个乡村，作为外层，形成了一个中心开花、外层渗透的好格局。

五、乡村更新的态度：克制性规划

对于更新规划来说，我们的态度是克制性规划。此次"乡村复兴论坛·沁源峰会"的会场，我们基本保留了原有的格局，以此为例，并不只是讲对于工厂的改造要进行保留。对于村庄的改造，规划师也应该更多地保留格局。保留格局并不只是为了再现村庄的原始风貌，更主要是为了延续村民们的生活方式。村庄的格局实际上是村民们多年的生活习惯造成的，街头巷尾、水井旁边、大槐树下、广场是他们愿意聚集的场所，是张家大嫂、李家阿姨交流和"八卦"的地方，这些是建立熟人社会的根基。从熟人社会到半熟人社会，以至于2015年提出的无主体熟人社会，若要重建以前的密切的社会关联，我们要在格局上给它提供物理载体，保留了物理载体才有可能继续保留它的人情纽带。

那么，什么是克制性规划？克制性规划不是不规划。应该怎么规划入手呢？在相对简单的景观改造背后，我们在沁源借鉴了很著名的理论——凯文·林奇（Kevin Lynch）提出的城市设计五要素，即节点、路径、区域、边界、地标，同时还增加了一个要素就是"入口"。针对化肥厂马路南边的河西村，我们的克制性规划也采取了这种"六要素"的设计方式，通过一个地标将化肥厂和河西村进行心理、视线及人流上的连接。这个理论很"牛","牛"在哪里？也许借鉴它不会诞生一个天才般的杰作，但是在浅显明了的五要素的节点之下，犯错的概率很低。在乡村，我最看重的是，不强求出杰作，但是先保证不犯错，至少在乡村规划里尽量降低它被再次规划伤害的可能性。

"乡村复兴论坛·沁源峰会"的会场最大程度地尊重了化肥厂自身的建筑逻辑，在新旧的空间中，对原有空间基本都做了保留和景观性的提升。考虑到会场的再利用，我们把化肥厂的工业遗址特性与会场的布置需求做了结合，同时专门设计了彩虹塔，在彩虹塔的旁边做了南门，以此增进村庄与居民、化肥厂之间的联系，以后也可以用作文化广场等。从河西村的主要街道一眼望去就可以看到彩虹塔，想要建立村庄和地标的联系，至少先让它看到。通过这种克制性规划的方式，我们采用了比较轻巧的规划，形成一个系统，各部分的努力都服从于这个系统，这样能够使系统效能大于个体之和。

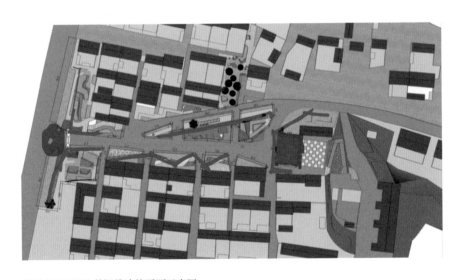

从村庄入口切入的视线连接平面示意图

从村庄入口切入的视线连接

沁源县化肥厂鸟瞰效果图

沁源县化肥厂南侧村民广场效果图

沁源县化肥厂南侧村民广场实景

六、乡村更新的落地：克制性建筑设计

讲完克制性规划，再往下拉得更落地一点，叫克制性的建筑设

计。克制性的建筑首先提的是景观有限，比如先花点小钱试试水，要轻盈。我注意到装配式建筑进入乡村，它很轻，动作小，还可以改变，可持续发展。我们这次的乡建方式之一是景观构置物，比装配式建筑还轻，是搭建式建筑。比如琴泉村村委会的改造，几乎没有设计痕迹。原图是由一位刺青师傅提供的，我们在外面搭建了铁丝网，从网站上购买了亚克力片，与村民一起挂上去就完工了，操作简单、造价低廉。

本土化和新材料是设计师的基本功和老话题，为什么做彩虹塔？我们希望有动人的色彩、振奋的色彩，因为我们的乡村历经风雨的时间够长了，打心眼里希望看到彩虹，这是一个心愿。从设计上来说也有其道理，即大多数乡村需要一些亮丽的颜色、时尚的颜色来改变整个环境的调性。另外两个村子的改造也是用动人的颜色

琴泉村景观改造

琴泉村村委会改造

来做的,建筑形式不要太复古也不要太新潮,这是基本功,也是我的设计风格,我希望给大家提供熟悉和陌生相结合的设计感觉。

用我欣赏的两个案例来说明熟悉和陌生。一个是宋晔皓老师做的安徽尚村竹篷乡堂,完整地说明了熟悉和陌生,并且公共空间充分使用。另一个就是何崴老师做的白色咖啡馆,从规划到建筑、材

安徽尚村竹篷乡堂（图片由宋晔皓提供）

白色咖啡馆（图片由何崴提供）

料和色彩的使用，都让我感觉到熟悉和陌生，既不是太熟悉也不是
太陌生。

七、乡愁和匠心

最后说说乡愁和匠心。乡愁是什么？对于设计师来说，我们能
给乡愁做些什么？我思考了很久，乡愁就是熟悉的风景加上发生的
人际关系，就是进入乡村想到的以前发生的那些故事、那些故人。
你跟谁为了宅基地打过架，你跟谁一起牵手上过学、摸过鱼等，原
来发生的故事交织成复杂的情感，在这里被唤醒，这就是乡愁。从
这个角度而言，设计界可以为乡愁做些事，乡愁是可以建设起来的。
设计界可以提供乡愁的可睹之物，提供那些令人怀念的街头巷尾，
这样他就会想起街头巷尾的一些事情，形成接续过去与当下的新的
交流纽带，延续这个地方的文化习惯。

匠心是什么？对于乡村建设来说，匠心是服务于村民，是人居
环境的改善，是产业的复兴，是文化的重建。建筑不是建筑师的建
筑，建筑是村民的建筑。设计的初心不是大师心，设计的初心是匠
心，匠人为了人们使用舒服愉快而做的思考和实践。

作者于北京

2021.4.27

旧城与乡村的共通

—— "更新"的乡村态度

本篇分析了更新的方式是符合旧城发展道路也是符合乡村现状和发展要求的。

在乡村的建设模式中，我们摸索过（还在摸索中）很多方式。从30年代的梁漱溟、晏阳初两位先生开始，就是一个耐人寻味的词汇。"乡村建设"本身就是梁先生在《乡村建设》一书中提出的。狭义上是指从乡村的物质空间环境、经济、文化方面整体入手，是促进乡村整治、社会、文化以及经济等全面发展的各类建设活动的综合系统工程。

这是一个角度内容多么宽阔的"狭义"！

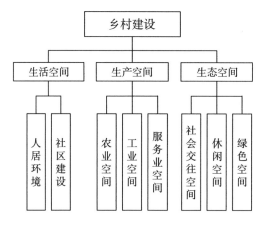

图源：靳晓娟《基于角色参与的当前中国乡村建设研究》

老词

更别说还有广义的"建设"。对于乡村的关怀和行动有着不同的思想态度和入手策略。建设是包含着方方面面各种对象的，可以是具体的，也可以是抽象的。而最容易误解的就是狭义的"建设"，仅是动土方盖新房子。

潘家恩先生有一句话叫作"乡村建设不等于建设乡村"。[1]

① 温铁军、梁少雄、刘良：《乡建笔记》，东方出版社2020年版，第180页。

所以在建筑和设计界，希望能具体点形容规范自己的工作领域。经常会把乡村建设换成一个"乡村规划"或者"乡村设计"来称呼。乡村规划很重要，多数时候是一个面对土地用途、权属、属性配置的考量。对于一个中长期的土地资源使用方式的方向研究来说是非常必要的。从乡村建设—乡村规划这个称呼过程就已经表现出了对实操性的重视，而不是大量的学术纠缠，也不是能够那么"思考——指向——蓝图——靶向——过程——结果"纯粹性和实现性。而是一个在地的，需要大量方法性总结，经验化的行为。那么对于一个中短期的直接指导和开展行动的设计来说，能够最直接反映对于大多数原地原村的设计称呼——"更新"是很好的态度。

乡村更新是一个新的组词。之所以说是组词，是因为每一个词都已经有过，结合起来是有点新。

"更新"这个概念，我们后面在谈论国王十字的片区更新（《国王新生》）时，还会具体梳理。这些名字有着不同的主张，各自也有着细分的办法方式和评价标准。单纯作为词汇，英文多数都是以"re"为开头的。这个词头基本上是一个回头重新的意思表达，但多数都是对于城市来谈的。有趣的是，在乡村领域，从前的英国的乡村建设也是一个"re"开头的单词，"reconstruction"。按照温铁军先生的说法，"rural reconstruction"在20世纪20年代在延安和其他地区分别被提出来，用这个词汇来进行国际交流。后来在台湾地区，使用的中文词汇叫作农村复兴。再后来，温铁军先生主导的乡村建设运动曾经想起名字叫作"乡村文明的复兴"，最后抛弃了"新乡村建设"中的新字，绕了一圈又回到了"乡村建设"四个字。文字轮回，不是游戏，从其中也能够看得出来，对于乡村的工作的着手内容和思索角度是与规划设计界不尽相同的。

从他们的学科背景和学生的组成，以及下乡之后的工作笔记，可以看得出来。更多的是建立在对于村内的文化活动与构成建设，村里的会议组织工作，程序方式建设，经济合作社的构成和开展方式。也会发现和发动村内的资源和人物去发展一些新的经济活动。用一位年轻的乡建者的话说，是做"人"的工作。

而设计师们的进入，并非首要接触以上种种。

设计师是换个地方做设计。更多是做物的工作来影响其他方面活动和提供展开的便利，一个"建设"中的载体层面。是改变乡村中原先既存的不再适应新生活、新经济、新活动的转化，功能上的转化有着对新形势的需求。

乡村的建设可以当作一个更新的态度来看待。这大概是因为乡村对于人类存在来说实在是历史够悠久了吧。就像历史悠久的旧城一样，都是曾经的人类聚集区域，都经历了产业更迭和人口外流，经历了生活不适应性和生态环境舒适度降低。

存量

乡村要振兴的不仅是乡村的一些风貌，也不是简单农民上楼，不是简单刷个白墙。而是产业和文化的重新建立，从而能人流回归，组织有效。

为什么说是重新建立呢？以前有过才算重新建立啊。那么以前有过吗？这就是探求历史存量。以前还真是有过的。但是现在消失了，不适应了。存量需要变化了。

乡村有存量吗?

这个存量和城里人谈的存量还不太一样。不仅仅是产权用房,还有开放空间,也不总是为了经济价值的扩大和释放。在城里谈论存量更新,多数关心的是功能的密度的转变,投入和产出。而我们在这里谈论的乡村更新。也是针对功能和形式都需要改变,但不仅仅是关心投入和产出,更多的是关心如何在历史打开一个时间窗口的时候,做好大量的基础层面的人口聚集地的——居住提升诉求,职业改变诉求,脱贫和避免支出性二次返贫威胁的诉求。

怎样引入产业进入,外来产业能够在地生根的机会(如何融合三产),乡村文化变更并稳定起来的可能性,乡村人口双向迁移的可能性,在地产业发展和管理文化的协同模式探索。最后,实在要加上的话,还有呈现出什么样的设计风貌的因素。

为什么要费这么大力气,把一个大家耳熟能详的设计领域的乡村建设变成"更新"两个字呢?

首先要说,更新不是为了设计和形式感的问题。

很多乡村自身就是存量本尊。对于希望能够改变不适应当下生活经济模式的乡村,其实是至少有迁移和就地两种态度以及做法的。剥离开来在地情况抽象谈论对错,容易进入抒情的利益立场站队。所以不在文字中过多展开。应该正视,集中新建理论上能够体现规模优势,土地效率,节约道路市政成本,快速改变贴近人居的生活环境。其优势之处又恰恰是其隐约能见的不足一面,效率优先的思考之下,往往易于忽略总有一些个体是无法快速跟进,而在推进中茫然若失乃至真的效益有失。这些个体的自我修复能力和再生资源获得能力又本身很弱,从此点上看,我们初心实为村民改善,而非效率。所以不应该为了实现手段完整而导致目标残缺。同时效率优先地改建环境，逻辑上需要选择的是最易操作的设计建设方式，文化的表现和存在，成为了不那么急需的隐性诉求。也往往容易被忽视，或者说，让我们先建一些，随后补上文化的那些。可见文化容易被认为是附皮之毛，有则不错，没有也就算了。乡村从来是熟人社会，其文化不仅仅是抽象传统，也不仅仅是精神爱好，实际上是寄希望于农业产出的社会中一种互相建立身份认同、形成共同体，从而互相支持的体系基础。说得更清楚一点，是抱团才能生活的感情基础。没了这个文化，在还没有富裕到可以各自支应生活突发事件的时间阶段，村民是挺难踏实安心过活的。

所以对于整村安置来说，更加需要乡村规划来提前做合理的功能布局，土地配置，道路优化，市政设施，应该是有着更全面也更具体的设计思路。不仅不是简单快速不细腻，甚至比城市规划还要审慎。排排坐吃果果的农民二层联排别墅，不是新的乡村，只是完成了住人的机械功能。

另一种，也许是更多情况下，乡村的提升不需要整体迁移，就在地更新。

各式各样的乡村新房和改造创作，不乏精彩作品。不过我一般首先问的，不是创作体会。我先问，这个房子打算做什么用。接着就问，这个用途对乡村有什么帮助。有的能回答，有的还没来得及关心过。其实回答了这个问题也并不是最好的答案。最好的答案是，有，但不肯定，不一定。物质形态改变对于乡村的帮助除了能够确定的物质上的，非物质的确实不能提前对应目标。这就是乡村与城市不同的资本积累条件所造成的不可预期性，也可以称为不可规划性。不可规划性在我们最熟悉的产业园区规划中是最明显的。前期规划准备引入的 A 最后根本见不到，可能引入的是 B。并且，有 B 就不错了。这就要求在前期，重功能而轻形式，重弹性而轻投入。做好功能的接纳准备，另外，小船总是好调头的。

更新便是从功能出发然后延伸到形式的。而且，动作小。

借用更新，就是因为更新的概念建立，内容细分，规则讨论，方法实践都有很多完整的学术和实践成果、经验甚至教训案例。

我们大量的热情满满的乡村建设者们逐渐已经成为一支人数庞大的队伍，已经渐渐有了南慕容北乔峰，东邪西毒的人群，主张、诉求、门派、分野，逐渐实践显示需要一些能够共同讨论的基础。

如何更新呢。面对存量，做过改造的一定知道，那是可能比新建要复杂费劲的。

我们选更新中最费劲最复杂，几方观点纠来结去经常互相不能说服的旧城更新来看看。

有机

不是有机蔬菜，是旧城的更新态度。

旧城更新涉及产权，邻里，历史脉络，保护与发展的矛盾，大量基础设施投入需求，文化的真实与虚假，原住民阶层与弱者保护，外来资源的保护契约等问题，正因为复杂所以暴露问题最多，这些问题还正与乡村更新几乎对应个正着。

个中论战常年不休，是学问家的事情，我们跳过，就看他们的方法，这是真的有益的。

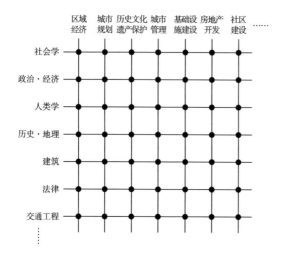

图源：方可《当代北京旧城更新》

有机更新理论是吴良镛教授提出的一项关于旧城的更新理论。

"所谓'有机更新'即采用适当规模、合适尺度，依据改造的内容与要求，妥善处理目前与将来的关系——不断提高规划设计质量，使每一篇的发展达到相对的完整性，这样集无数相对完整性之和，即能促进北京旧城的整体环境得到改善，达到有机更新的目的"。①

有机更新是在对北京旧城的研究中所提出的，但是其小规模、渐进式、分阶段、坚持可持续发展的思想可以同样应用到同样弱流、产权、效益、人口流出、地域文化变迁等几个因子交错的乡村中去。

这些更新有着探索过的不同手法。

针对更新的建筑改造活动，小规模的：改建（renbuilding）、翻建（renovation）、加建（infilled）、养护（maintenance）、修缮（restoration）②。

---

① 吴良镛：《北京旧城与菊儿胡同》，中国建筑工业出版社 1994 年版，第 225 页。

② 方可：《当代北京旧城更新：调查·研究·探索》，中国建筑工业出版社 2001 年版，第 224 页。

翻建是指传统的木结构房屋多见的更新方式，又叫"原拆原建"，即在原拆除的房屋基础上，充分利用原有构件材料，基本按照原有房屋形式重建。

按照吴良镛先生在《北京旧城与菊儿胡同》一书中的阐述，更新内容主要包括以下三个方面：

改造、改建或再开发（redevelopment）指的是比较完整地提出现有环境中的某些方面，目的是为了开拓空间，增加新的内容以提高环境质量。在市场经济条件下，对旧城物质环境的改造实际上是一种房地产开发行为。

整治（rehabilitation）指对现有环境进行合理的调节和利用，一般只作局部的调整或小的改动。

保护（conservation）则只保持现有的格局和形式并加以维护，一般不作进一步的改动。

在2005年开始我和李亮先生合作西四头条到八条保护区规划以及后来的德胜门内大街、新街口东街、赵登禹路的一系列更新改造过程中，进一步探索应用了具体的手法。在主要以疏解和减量为前提下，应用了小拆除，小加建，更换部件混合共用，使用装配式，营造数量多尺度小的绿化和活动空间。

其中，整治是以保护和复原为目的，对构成街区的建筑、环境及一切相关因素进行整理、修缮与调整，使得原环境与现代居住生活的调适达到最佳综合状态的过程。整治的内容可以按照整治的对象或方法进行划分。按照对象可以划分为建筑修整与环境整治两个方面，其中前者包括对老房子的修缮、新建筑的整理，后者则包括街区防火、道路、绿地、设施(如电线、邮筒、垃圾箱的处理)等景观环境的整理内容，是对街景的整理、美化与再塑的过程。

看完这两次对于更新的方法的描述，就有了基本的态度。

第一是按照不同对象可以新建，可以拆建，可以改建，可以维修，可以保护。

第二是控制规模，慢慢来。

第三是不仅针对房子，还要针对市政设施和活动空间。

那么小规模，到底从哪儿具体入手呢？

城市更新多选择历史街区、人居聚落、运营中止的大型公建，还有工业遗址。

而我们之前说过，乡村有着自己的产业或者简单说——工业历史。有着村集体建设用地上的属于村集体资产的工业遗存。

工业遗存在村里村外都是异乎于村内一般建筑尺度的建筑，类似于城市内的公共建筑。更少与村民邻里关系纠缠，更少与复杂房屋产权交织。因为高大，也有更多的产业功能承载性，地理位置也一般远离村内生活区，不会在改造中有过多干扰。这对于公共两字的容纳很重要，除了引入产业，还关乎于村庄文化和管理逻辑。可以说是村内更新物质空间的首选目标了。

原因、办法和目标都出现了，那么开始打出河西村的组合拳吧。

乡村设计的"文坑"

对于美色的极致追求，往往是一出悲剧。

对形式的热爱和不断创新的欲望是好的设计师的缺省之心。但是欲望这个东西最容易泛滥过盛，追求最容易执着到纯粹。本末倒置的事情我遇到过。

笔

我们先看一件关于文具的项目，之所以把它称为项目，是因为从项目的盈亏角度来说，它短期算是成功，但是从长期来看，简直是一件彻头彻尾名声扫地的失败。

这是一只用来写字的毛笔。

自来水毛笔因为其便携性，一直被业余书法爱好者追捧。网络平台上也早就有各种品牌和产地的自来水毛笔。比较多见的是一款外国产的，外貌简单，塑料笔杆，着装粗陋，接近于简陋，但是能写字。

最近突然在网络上出现了一个很诱人的新产品。

首先产品广告冠名有"中国"两字——中国人自己生产的便携毛笔！能用国产的，真是满心欢喜，有国产的，当然首选国产！其次，它的介绍是经过××大师长期研发鉴定的产品。第三，它有设计，看着介绍图片，确实在外形上很是考究，对于中国文人喜欢在笔墨纸砚上翻云覆雨的那么点爱好，这支笔的影像性确实比别的同类产品外貌胜出一筹。

我买完一用，结果很失望。

它可以用作笔筒里完美的摆设，它可以用作朋友圈里完美的展示，它可以用作赠送友人一刹那完美的友谊体现，但是，要写字，就不那么完美了。

优美的造型设计，依靠金属的螺旋纹扣的笔帽，手感过重，每次摘帽戴帽都大费周折，一般都是摘笔帽时拧开了笔身，拧笔身时拧开了笔帽。墨水如同六脉神剑，时有时无，要么弄得满手漏墨，要么恨不得在粉色舌头上狠狠吮吸才能下水。放几天，又干了，笔头分叉，变成毛刷。

这是一个大幅提升了外观造型，大幅提升了工艺，也大幅提升了造价的不能写字的一支笔。

我突然发现，一支不下水的毛笔，再怎么好看，也令人凄然沮丧。

很快我就开始怀念原来那只便宜的，塑料杆的，能顺利下水写字的毛笔。

建筑是有可能也重建功能定义的。在消费文化的资本世界之内，建筑的功能可能不再担负居住、实用、经济、美观的定律本道。

消费文化的一再扩展价值取向，从影像性上新建功能性新定义，发生在资本的世界里是狮子老虎们的合法逻辑。在城市里，在新区里，在国际大都市周围的高级住宅区里，影像都不虚无，都是强中自有强中手的竞争高招。但是换一个弱流区域——乡村，影像既不能代替功能，也不能带来资本（放弃过于乐观的复制推广的概念梦想吧，资本才不是泡沫），不能带来人（大量的人），不能带来土地的时候，功能就不能得到新建，不得不老实地面对现实——这里仍然不是"matrix"，仍然是现实的世界。要遵守自己的价值逻辑。

乡村的逻辑是那么低调，低调到隐藏在波澜不惊之下。

于是，对于乡村对于自己的"色"的选择，常常有所非议。

中国人的村庄内，村民建了一个二层的金碧辉煌的欧式别墅，大多数可能也并不能称为真正的欧式，常常会看到，类似罗马的柱子，结合类似文艺复兴拱窗，还有哥特式的门洞，最后配上一个红铜的，但是中式的屋檐。这些显然没有章法和不符合设计模式语言的建筑，经常惹来一些设计文化评论的不理解。

这不完全是失去传统文化喜好的设计问题。

当城市中大街小巷伴随着建设增长充满了消费文化滥觞的同时，就地工业化使得村庄的文化与结构也不能幸免地被消费文化一同席卷。我们的熟人社会既有着互相依存的特点，也存在着互相挤压的残酷。在乡村的紧缩人群中，经过长期的经济发展逐渐产生出富人群体，这个富人群体在乡村的治理中，一度时时基本上扮演了话事人或者准话事人的角色。（不特别精准的表述，可以大概理解为以前尊称乡绅，现在尊称精英）。富人群体在中国北方乡村大多通过进城的方式远离了农村，而在东部沿海和南部，富人群体大多还是在村居住。

他们逐渐通过相互的消费，生意合作，人情往来，建立了自己的共同体。并且通过提高消费，拉高婚丧嫁娶人情费用来建立一个无形的交往门槛。同时建立在"乡党"情谊口号下，建立起了经济条件和人才条件能够对其进行跟随的第二个层级。类似于工商业的职业经理人和外围服务团队。

村庄内的无力跟随者，开始被一个用货币和生意，人情世故和排场界定的离心机甩出在村庄内部经济活动之外。承包、分配都缺乏话语权，只能勉强尾随。就连村干部，如果不是能够积极参与到村内富人的生活表现中来，也一样"说不成话，办不成事"。

都已经到消费文化、物质身份分群的地步了，我们还不能理解为什么村民要在村里盖一座看上去富贵体面，高大阔气的欧式建筑吗？你还要用乡村文化粗陋地责备并要求他们的审美应是北欧简约、北美质朴的气质吗？没个知心人，不会告诉你，设计师高级的审美往往是村里失败的象征。

失败者，是没有话语权的。

我们哪里能知道一座房子的豪华与否，意味着他能不能承包到明年村里的鱼塘这件事呢?（听起来二者似乎有些不搭杠）

组织

贺雪峰先生曾经注意到过农村的国家投入到农民需求之间存在着"最后一公里"的问题。

他把这一点称为——农民的组织问题。

组织问题和建筑设计有什么关联?

对于规划建筑设计者来说，爱说"在地"，先就想到了地形地貌，或者深入一点是地方气候和地方材料以及地方文化特色，还有当下生态化的独特的建造方式。因为这几条直接影响到了设计的风格面貌。风格面貌是设计师的最爱，而我们的建筑原则并不只是面对着风格面貌的审美端口，它的要求是"适用、安全、经济、美观"。

而前边所提出的实用性，大约与风格面貌的有效协调并不完全一致。例如，一栋栋没有什么当地文化色彩的小别墅类型的新建农民别墅，究竟是不是在地的，实用的。千村一面指责之下的可复制简单建造的住房，改善了居住生活条件，但是缺乏就地取材和世代相传的，算不算在地?

实效性，首先需要满足的是当下，当地的需求。审美和意蕴算得上需求之一。假如有因素重要性排名的话，审美，甚至都不能算得上排第一。2000多年前写过《建筑十书》的罗马建筑师维特鲁威，提出建筑的三原则是：坚固，实用，美观。中国在20世纪80年代提出了"适用，安全，经济，美观"的建设方针。城市的超快速的发展，城市超繁荣的经济，使得这几条基本又简单的原则快要被遗忘了。

在村庄里的生活攀比，带来了很多生活上的负担。

这源于村庄内的富人。富起来之后的生活外显，体现在村里的自宅。中国农民传统的住房观念，求大求全。往往能盖三层不盖二层。另外一个外显婚丧嫁娶人情往来。这几个花费占据了越来越多的农民支出。如果你单纯从生活条件和理性必须的排序来看，就容易陷入简单的指责中。似乎这都是农民自身的原因造成的，是传统文化的糟粕。

其实未必，不仅不是糟粕，可能原本还是精华。

成家立业在从前的单一农耕社会，立业基本就是居有定所，人有所居。一家之主能够创立一家的基本居所。农民没有产业，难以固定自身财产，从前也没有投资机会，就靠住房作为货币转型储蓄了。

人情往来也是传统社会生产方式使然。在以前的农村，实际上是没有多少货币流通的，农民家庭遇有大型变故，婚丧嫁娶，村民所有的财产可能都不够完成此事的费用。除了高利贷，也没有什么像样的金融机构。于是在人情范围成员内，进行货币互助，相当于人际关系圈的长时间自助内循环。这就是为什么，别人给你上礼，遇到他的大事，你不按此回礼的不道德之处。

既然是很合理的方法，为什么又每每承受诟病。就是因为自住以及自助逐渐超出了需求，变成了附加于意义身份加码暗示行为。

一座四层的别墅型农宅，看着总是超出了一座二层基本农居。上一份1000元的红包，既显示出了浓厚的友情之外，还附加着自己超过500元红包的经济承受力。满足需求附加了消费意义。附加了消费意义就带有身份编码，城里的购买力兑换阶层识别系统，逐渐延伸到农村的基本建设和人情往来，生活需要逐渐升级成为了商品属性。

而在乡村，每一个公共建筑甚至于隔壁富人的四层别墅都会很快就把村庄建设商品化为村内管理治理的地位。这个地位直接关系到治理中的话语权。话语权很快又能反映在治理上就是村庄资源分配中的优势地位，成为机遇获得者。话语权在治理体系中的根据失当了。

温铁军先生所提到过的，在农村过不好活，变成说不上话，办不成事的直接结果就是失去经济增长机遇。连村支书都是光景过烂包了，都在村里说不上话，别说一般村民了。不争点外在的面子能行吗？

只是，这个面子你争得春风得意，他可能苦不堪言。

话语权和价值体系失当了，就别跟个体农民房纠结和谴责了。那么个体化的，具体而微的入手改变一下吧？

追求额外的消费意义，那不就是虚荣吗？那算是劣习吗？看到这一点的一些乡村建设老师，就这么容易将此归结为城市的不良习惯影响了农村，破坏了农村的原有的淳朴健康的风俗。

于是急于否定。

可惜的是，他们采取的否定过于宽泛笼统，否定的对象是表现而不是内因，否定的是个体村民的审美取向，想要代替的是个体设计师的审美取向。

于是急于重建。

急于重建又失于简单，想要重建的是一个个入不了眼的欧陆大宅，换成所谓中式大宅就能稍好吗？认为回到脑海里存在和典籍里记载的小国寡民，鸡犬相闻的所谓传统农村孝道啦，祠堂啦，小农业耕种啦。用回避问题来寻求答案，用败北冲虚来缓解不安。似乎复辟了一个甜蜜蜜的山窝人家极简生活秩序就能避免消费文化对于村庄的冲击。

过去有过去的优，也有过去的劣。轻言回归，如何扬弃，从来就是文化守成主义的死穴。

过去有过去的技术时代底层逻辑，底层都变了，过去的文化还能适用吗？在今天，你还能指望村头老刘让进城的车把式捎个口信给隔壁亲家公？跑运输的司机肯定会觉得你是为了省点手机流量费。

就一个问题，你回得去吗？

重建了一个脱离乡村生存潜规则建筑，不遵守经济财富权威体面一体化的差序基础的建筑，留给一个普通村民的恐怕是更换空间的几期节目时长的表面欢乐，得到长期不被外界关注时刻暗自承担的内部压力。

农村中的富人，一般居民，贫民。究竟谁是这一轮乡村建设的反哺对象。

答案是，都是村民嘛。

但是我们反哺的时候，强调效率。容易想尽可能地跑得快。飞

黄腾达去，不能顾蟾蜍。只是我们有没有静下心来想想引领者的成功和跟随者的费力之间的苦乐忧欢。

消费文化在城市里的建筑中泛滥势不可当，爱恨交加并未绝于耳。公共建筑从水中大剧院换到路边的××TV就没少过争论。前些时候一座荷花体育馆刷了一夜屏，好不热闹，多是争执究竟是专业还是大众，究竟建筑是被"意义"了还是被消解了，换成也是南方城市的海边也是象形地堆几个白色鹅卵石就成高级，没人膈应了。

这些高级的问题，在城里都无伤大雅也都是隔靴搔痒，无损老许一根毛，也无损建筑师一根毛。在城里没那么容易看到哪个居民会为一个建筑的表现力付出代价。这是一个资本集中，并且从集中带来机遇再聚集的逻辑。个体在庞大系统中是延时并且隐形的。

既然变化已经是人所共知的，那就用客观转变的从容态度来研究和面对，免得一味希图回退而不得，从而失去历史机会。

在传统的乡土文化建构中，差序格局基本按照亲疏远近的血缘友情阶梯建立。在消费文化的冲击之后，乡村宗族随着城市化不仅物理减弱，观念也随之减弱。原有的简单农耕产业形式，主要依靠人力和简单农具的互助，完成财富升级，所以血缘和友情成为了赖以生活的潜在资源。

在没有其他收入可图的时候，乡村差序格局就是生活全部游戏规则的依赖。

这一切，随着经济和产业结构运行方式气势磅礴地改变了。新的产业和收入对于绝大多数有能力与城市化和工业化并行的村民来说，在最近几十年突然覆盖了农业的收入，同时冲击覆盖了原有的亲疏与生存关系。家谱上的二大爷肯定不如股东里的二狗子来得密切。

摆脱血缘的、依赖产业关系的新的差序已经建立了。

这也是我最近看到一本书里写的，村里轮流有孙侄辈的小伙子上孤岛去给独居老人送水送粮，对此我表示了极大的敬意。

薄弱的乡村生存能力在旧的格局不再可以依赖的时候，并没有立刻就能变得强大独立。这是多少被称为"凤凰男"的青年男子为之所苦恼的根源。他们逐渐成为一个新的差序格局中的中心环节，代表了新的资源。代表了新的资源的还有村内的新产业持有者，不需要大量的不可获得的耕地就能占据村庄经济结构主体的人物——乡村精英。新的经济产业能力亲疏与血缘亲情亲疏交织结合成一个新的差序关系网络。

在这个新格局里，自宅的豪华与否决定着格局位置，在历史上从没有这么重要过。

在当下的这种乡村潜在的，经济价值一体化，地位住宅编码化的态势下，我们有没有能力给村民提供一个符合他们的差序格局追求的住宅新形式呢？如果只是一厢情愿地觉得输出给村子一个自认高级的不论什么风格主义的房子，恐怕都是不能说服其内心，不能造福其生活的。这个某种程度上与城市的昂贵奢侈品，商品拜物教编码价值一脉相承的四不像的欧陆风农民房，要求改变的是村庄的经济组织价值观。

我一天两天是肯定改变不了他的价值观，那我就先将就着他，做一个部分革新、部分照顾他"高级，大气，上档次"心理需求，部分符合其他装作闲逛，实际路过你家，要暗自心里建立评估体系的半土不洋的房子，挺好。

　　写到一半，突然窗外一声响雷，手中两只键盘惊落在地。夜雨哗啦啦地下了起来……

角色与融合

—— 乡镇产业落地的姿态认识

本篇概括介绍了中国近代乡村产业的发展过程及乡村二、三产业现状较为薄弱的原因。继而分析了加强产业振兴、三产融合的方式和可能路径。同时分析的还有在改革开放期间，珠三角和长三角地区是如何利用集体建设用地开展产业以及其方式的利弊。列举了当下安徽界首和广西福绵两个欠发达省的县一级是如何利用集体建设用地发展和提升原有的制造业。从而总结二、三产业是需要政府推动，符合生态，从原有基础企业开展，形成产业生态，确有可能使得制造业和服务业落户在镇一级集体建设用地。

乡村的更新有不同方向几个种类，能够带来兴旺，是乡村振兴的主角。产业是一个无关建筑学多少近亲关系的宏大体系，建筑设计作为一个狭窄门类无法包打天下，又并非置身于旁观。每一个设计，都需要追问自己一个问题。这个房子场所，建设至此地与产业有何互动可能。

近代——不同方式的尝试

近现代乡村的研究，在中国历经了100多年，尝试了多种途径，不论是教育、医疗、土地整合、劳动及分配方式，都在自身所处的那个时代，由那个时代的巨人肩挑起了阶段性的使命。各有成功与唏嘘。

农村经济是整个中国经济的基础，当然农村经济并不意味着单纯农业经济，而是农工混合的乡村经济，乡土工业更多以家庭手工业形式呈现，如纺纱和织布屡次的失败并没有证明中国的乡村是不能有产业的。费孝通在20世纪30年代对江村的研究就认为，乡村手工业可以说是中国的传统工业，手工业这种传统工业的衰落，完全是由西方工业扩张的缘故。[①]

从前的乡村工业化，是特殊历史时期开展，充满了与城市不对等的对接方式。源自近代立足的文化冲刺，不论是从本土教育还是底层制度改良。不论多么坚持乡土，中国农村的现代化，从一开始就是被纳入西方势力影响之下的工业化过程。当年的资本主义世界率先完成了二次工业革命，生产率的提高立刻降低了产品价格，各

---

① 费孝通：《江村经济：中国农民的生活》，商务印书馆2002年版，第238页。

类洋货随之冲击中国市场，刚有所苗头的农村手工业基本破产，伴随倾销产品的同时是低价收购农产品，农村自然经济受到双线沉重打击。曾经生活自给自足甚至一度富有的农耕聚集地，从此开始产生巨大落差陷入贫穷。

中国乡村的现代化竟然是拥有一个深度介入国际化的、工业化的开端。这个开端充满无奈。在当下中国全面继续冲击现代化过程中的这一次乡村建设，需要理智地归纳入其所处的时代背景之下。中国的城镇化过去一直是追逐国家现代化转型的主要通路。西方现代化经典理论的描述中，现代化本身就是以工业化和城市化为标志或者说为目标的社会转化。

有效地农业自给自足方式结合小而多的手工业和简单机器生产形成的生态系统，成本低廉，转弯快捷。能够形成自己封闭系统来对抗现代工业产品，直到以故步自封的低技术进步到面对现代工业的高技术进步引发了成本巨大的差距，这种差距直接瓦解了农村的产业。之后的各种历史阶段，都有人曾经努力过想要重建这种乡村的产业。

终于，从一个纯粹的农业经济时代开始投射到工业产业时代。产业的建立是否能够在当代农村的发展中成为白马骑士？也许，过上若干年，再回顾2020年前后这段时间的思考与追求的时候能够得出一个清晰的答案。在有答案之前的过程中，只能用一个从中学老师教我的解题办法——大胆假设，小心求证。

中国是一个传统的农耕文明为基础的农业国，所有的农村都成为了支撑这历时弥久的工业转型的物质来源和人口来源。在这个生产资料进入剪刀差异化的同时，面临挑战，付出代价的并非只有农产品的货币表现。同时还有原先农村已有的一部分工业雏形。这些零星的刚刚冒头的雏形，就像我们这十年来面对城市高新区和工业区所说的要腾笼换鸟的那些初驻企业一样。在资源转化产品的效率竞争中被认定需要为一辆更高效的大车让开大路。从而，彼时农村逐渐被竞争丧失掉了产业。

剪刀差占用份额是农业的可见受益，同时牺牲掉的这部分不可见的产业机遇则更为可惜。同时承受着现代性追逐而被动变革的，还有乡村的文化，农耕文化的基层人力组织模式与现代产业组织模式殊为不同。历经了几个世纪的乡里认同和熟人社会道德约束，逐渐要被规模生产关系和城市里的生存法则——是对英雄不问出处的陌生人交流伦理冲击。但这是一个巨系统的优化过程，是有时效性和步骤性的，是很难用感情和伦理来作为唯一衡量因子，简单判断好坏或者对错的。

至少目前看来，整体在一路前行的过程中，仍能转头回顾曾经的承担者，再次留出时间窗口来给予农村。一个庞大国家现代化进程是不可能遗留下其国土和人口的主要构成部分原地踏步的。进入新的世纪以来，农业税的取消和城乡融合的提出，新的乡村治理模式也开始一轮一轮的探索。在大国的系统中，乡村逐渐摆脱了资源输出者的角色，成为现代化追寻者中的一员。

这一场竞跑并无先到者先赢的规则和许诺，但是对于城市已然先发了30年的优势，乡村所比之前相对差距不容忽视。在产业和经济资源份额中成为弱流也已经无法否认，问题也就更为突出。我们的地方文官系统有着巨大的外形模仿能力。对于前些年建设城市时，超级流行过的城市美化运动，是最被他们理解和接受的方法。不过这个时间窗口下的乡村振兴，将不能仅是一次整容和美化运动。乡村如何保持与整体同步、同向发展，还能综合地保留着自己的特点和文化特征。并且建立一个能够最大化利用山水特点、自然资源特点、人口劳动红利和消费红利，以及有传统特点的乡村式的文化凝聚力优势，建立新的产业，是这次振兴和解决贫困的主要问题。

摆脱返贫

产业的进入能够有效解决乡村贫困问题。

产业扶贫目前的办法更多依靠的是政府作为第一和直接的推动力，具有明显的计划特征。这种效率最优先作为开端的道路选择，持久力需要产业自己进入市场化轨道，组织和参与的角色也要在贫困基本解决后，把接力棒交给农村自身。这样就能有效把受益权变为乡村，除非有精英截获，那是另一个故事，几年的基层扫黑已经很有默契地与乡村建设联系过了，建立了基本保障。然而最大的挑战仍然立在峭壁，静候着前行。那就是，既然是要进入市场，那么什么样的产业方式和产业内容才能够生存发展？

从而把脱贫逐渐变为摆脱返贫威胁。

To be or not to be,this is a question.

当然，不可否认的是，所有的产业均具有扶贫的功能，如任何产业的发展总是能够带来更多的就业岗位、更好的工资待遇，甚至通过产业的正外部性影响贫困人口福利。但在我国现阶段的产业扶贫概念框架下，扶贫产业实际是兼具公益性、社会性与市场性的，其具有典型的基于扶贫进行产业选择与产业扶持的特征，这使得扶贫产业明显地与其他产业区分开来。^①乡村的长期巩固脱贫不返贫需要的不是一个一夜暴富的产业，而是能够持续收益，哪怕细水长流的产业，或者最理性的是一个产业包。产业包内是一条产业链还是数根不完全产业片段组合成的产业生态都可以。

2017年10月，中国首次将乡村振兴提升到国家战略层面，提出"乡村振兴战略"。2018年2月，《乡村振兴战略规划（2018—2022）》得以发布，为乡村振兴战略实施的第一个五年明确工作安排，此轮的乡村振兴规划不仅仅关注三农问题，而是从乡村的整体系统出发。2018年全国两会上，习近平总书记首次从产业振兴、人才振兴、文化振兴、生态振兴、组织振兴五个方面，系统阐释乡村振兴战略。这五个方向，体现了对于乡村的各要素发展的齐发齐至的决心以及必须建立系统形成五要素互相配合互为犄角的明晰指向。

而在其中，产业振兴排在首位。产业化与现代化是这一个时代背景下乡村振兴的首要特点。这在以外历次不同的学者智者们推行的各种乡村行动是截然不同的。因为，首先，农业历史上从来没有过像现在这样已经完成了最基本的向城市和工业输血的功能任务。其次，农村的基本制度从来没有这么接近于现代化社会组织。如果认为，直到现在农村才有产业的尝试，也是不全面的。在农业税取消之前的几千年的农村发展，也曾经有过不同规模的产业化尝试。其中产生的意义，并不深远，也不强大，并未绵延影响到现在21世纪。但是过去的种种努力并未不留痕迹，它已经有了自己的特点显现。

---

① 顾天翔：《产业扶贫的减贫实现：理论、现实与经验证据》，吉林大学，2019年。

分散——技术的分解是另一种聚集

针对农村引入产业的担忧更多的源自对于土地的忧虑。乡村振兴的一部分实践者，看到太多的改头换面的产业直接剥夺了农村土地的经营权，熟读了历史书和经历过一些风雨的他们，心里产生极大的怀疑和忧虑，是完全能够理解了的。出发于这样的忧虑，从保护农村土地的使命感出发，不二选择地走上道德高地。认为只有无限保留传统农业才能继续把农地牢牢地留在村民自己手里。为此宁愿不惜牺牲掉农村产业现代化的机遇。一旦牵涉到道德，就无法讨论了。

简单说一句，农村不能搞工业，或者说农村必须搞工业。都不能解决了中国农村的产业问题。中国幅员辽阔，语言就五里不同音，产业禀赋和经济背景各不相同。至少分出了东部中部西部，更加还有珠三角、长三角、东南沿海、黄土高原、西南内陆、西南边境，种种不同的区域细分。农村针对产业的承载力并不能同日而语。

中国农村是个巨样本群落，针对它的振兴不仅是个战略问题，也是一个分地域、分阶段的战术工作。在实践战术层面上，地不分南北，是能成就演讲的，不是能成就建设。

另外产业兴旺，并非是单一地区选择一个产业。之前我们有一个误区是一村一品。这个作为汉语是不通顺的。通顺一点的翻译是我们从前在谈产业小镇时候谈到的一村一支撑。我们认为一个村庄的重新功能发展是要确立一个自己的产业作为经济支柱。这不得不说还是有着一些计划经济的思维作为基础。享用一个优势的先决，然后为先决来创造条件，而不是铺设村内产业基础，引来产业自主发展。这也不行，那也有问题，所以就只能选最后那个，这是用排除法来做数学题的思路。不是寻找道路，哪怕需要愚公移山也要走出困境的办法。之前论述了很多，增加农村收入，留存青年女性，是需要新的产业，加工业进入乡村。之前的小产业失败了，并不意味着是农村不能搞产业，而是意味着我们必须要找到一个适合小产业生长的办法。

乡村势弱，拉郎配一下，见效较快，拉来的是郎还是狼，并不可控，就算是郎，也没准是始乱终弃的负心郎。但拉郎的成本显然是付出了，在信息不对称的情况下，拉郎的时间成本更大。久久为功的一个办法是打造土壤，吸引资源。发展现代农业是产业兴旺实现与否最重要的内容，其重点是要通过三产融合发展。

我们的乡村振兴当然是从产业振兴开端的。那么乡村建设的方向就一定会首先面临什么产业的选择问题。我们习惯用一二三产融合来代表农业，制造业和服务业。美好的愿景是用最为肥厚的制造业来拉动农村产业。然而按照贺雪峰教授的描述，除了东部沿海大约占中国10%的农村已经走上乡村工业化道路，其余的基本不再具备这样的工业竞争力。其实曾经的"村村点火，户户冒烟"式的传统工业已经并不在适合乡村。从前的村办焦化厂、洗煤厂、水泥厂、石材厂都逐渐被淘汰出了乡村。越来越正规化和规模化的工厂车间也都向园区集中。

向园区集中本来是非常好的一个解决规模效应效率问题的办法。同时能够结出产业聚集可能性胚胎。然而，我们是如何判断园区所处的地理位置和经济目标，是一个实操中的分水岭。这个分水岭不仅仅是园区的投资建设者之间，也是运营方与园区内企业之间，甚至是政府供地之前就做出的判断。是希望用园区来完成财富积累还是孵化产业走向长线，是希望用园区做续命的人参扔到边陲借以拉热片区，换取进一步土地财政思维的持续，还是做好产业载体，等到下一波技术更迭能够提前争取企业，建立产业。每到这个选择关头，就千头万绪搅在一起，地理位置的远近高低成为了园区的死活题目。

建立新的产业的愿景，是一颗奔腾的地产之心。虽然这个问题，不是一个关于道德和伦理的简单趋向。其内包含地域经济、产业角色分配、职业人群准备等的集合考量。但这就是园区、产业和乡村振兴之间的主要问题，并非乡村能否有制造业和园区的问题。

分散，小型的产业可以利用产业园区的方式分布在乡镇。

令人高兴的事情也有，最近的两年在中部六省的中部里，安徽等已经开始出现在县、镇一级建立园区，引入企业，构筑新的制造业结构体系。虽然有时产业目标过高或者过低，但是已经开始为农民离土不离乡的方式，开启了一道更近更容易接受的大门。

较为接近的离土不离乡，会让老人农业营生之下的农村养老问题变得稍微简单一点。在改变生活和方式的过程中添加一座中途岛。对于城里人来说的乡愁并没有因此消散，而对于村里人来说，青壮年劳动力进入城市成本太高，难以迅速完成全家离土的目标，从而处处焦虑，不知何时就会被迫还乡，返乡农民可不像现如今的留守老年农民，他们大多已经丧失了精耕细作提高农业生产率的技能。生存生活只能依赖于青壮年时期的打工收入。

根本的焦虑就是来自城市生活成本过高。

"大"农业——能大到多大

我们再来看看年轻人纷纷离开的农业。这是一个沉重的话题。我们要谈的大农业并不是严格意义上的包含种种农林牧等直接将人力和土地联系在一起的学术概念。而是想谈最具中国土地特色的小块分户精耕细作来弥补产能的方式，这个方式正在经受人员减少而必须开始考虑整合规模。问题是，整合了，就万事大吉了吗？

农业经济学家约翰·梅尔（美）把农业发展划分三个阶段，即传统农业、低资本技术农业和高资本技术阶段。[①]同样是美国的经济学家托达罗将发展中国家的农业发展过程分为三个阶段，自给自足的农业发展阶段、混合多样的农业转型阶段和专业化的农业发展阶段。[②]可以看到对于农业产业融合角度，不论是从时间阶段还是从结构特点，美国的两位学者都是把农业做了一个从分散到集中，从个体到资本的大致思路。从资本和技术的低到高都有一个同样的人口问题，就是遣散劳动密集现象，伴随专业程度的提高，显现从业人数的降低。不过，中国的农业操作人口减少，还没等到农业专业化就自己已经发生了。青壮年农民都伴随城市化去打工了。留给专业农业进化的时间就更加不多了。

专业农业本身是一个并不容易的事情，虽然我们是一个号称巨大悠久的农耕国家。然而，农业的基础设施仍然还在进行过程中。许多要素还不具备，更大的挑战也已经出现。农业人口和会搞农业的人口的比值在不断拉大。青年一代从技能到心态上都已经远离耕

---

① 〔美〕约翰·梅尔：《农业经济发展学》，农村读物出版社 1988 年版，第 51 页。
② 〔美〕M.P. 托达罗著，于月申等译：《第三世界的经济发展》，中国人民大学出版社 1988 年版，第 95 页。

种，老一代的熟稔精耕细作提高产量的本领已渐渐凋零。

产业门类的选择，对于多数乡村来说，最想选择的就是现代农业，也是最不能回避的。传统的精耕细作依靠熟练老农的方式，正在经受一个令人不安而又难以避免的挑战。

卢良恕院士认为，现代农业继原始农业和传统农业之后，是农业发展的新阶段。现代农业是以现代工业设备的物质条件为基础的，核心是科学化，其特点是商品化。[①]卢院士的一席话已经拉开了对于现代农业不仅仅是农业范围内的考虑特性的帷幕，而是伴随着工业化、城镇化进程的深入，与产业紧密相连与融合的概念。周应恒与耿献辉教授将现代农业表述为产业链错综复杂，互相交织，区域特征明显，与当地农业资源禀赋密切相关,主要环节在现代农业产业链中后端。农业产业组织两极分化，产业组织结构呈现出"哑铃型"特征。[②]

现代农业是如何与三产进一步融合的。这一点在产业融合中，更为重要，毕竟我们都认为三产是最为直接与城镇化相连接的。并且在我们的预想步骤中。我们更加希望看到农业这个投入大产出小的板块，能够与想象中的投入小产出大的行业联系起来。现代农业的融合性，一是在农业行业内部与技术融合，二是延伸至其他产业进行渗透。这都符合一般性的对于产业融合的特征描述。还有一点在农业产业融合中很容易被忽略的就是，产业的渗透，农业的渗透不仅仅是农业种植和旅游采摘一起，把种草莓变成草莓樱桃采摘节那么单一。产业的渗透更重要的是能够把产业内的生产资料、生产

① 卢良恕：《中国农业发展理论与实践》，江苏科学技术出版社2006年版，第44页。
② 周应恒、耿献辉：《现代农业内涵、特征及发展趋势》，《中国农学通报》2007年第33期。

力渗透入其他产业之中。对于乡村，大量的生产资料是乡村土地和乡村劳动力。

年青一代对农业的生疏与告别，这个现象背后有着深远的城市化和工业化的相处之道，不能简单归咎于对于城市的问责，城市永远都是对于改善人类生活和文明进步的最重要资源支持体。城市有自己的运营挑战，归根结底与农村传统农业的不同，那就是生产效率与资源枯寂的同比衰减，从而带来产业工人的流逝。如果我们把老农的老去和青年农民的离土，都看作对农业资源消减的产业工人的消减，那就得出一个结论，要么提升资源使用方式，要么转型适应新的技术迭代，来更新产业人口技术发挥效力。

提升农地农业资源，与土地规划的整合整顿有关，发挥现代农业需求的规模效应。这是一个关乎提高农业产出与收入的可行性。但是收入不是全员的。我们假设中国整合后大农业为20亿亩农田，100亩为大农田平均规模，可以分为2000万个农业单位，人均10亩这个小数字也充其量支持2亿农民。那么其余的农业人口面临何种产业？

农村人口城镇化转移与就地产业化就业转移，就成为很明显的两种路径。无论离乡不离乡。离土是必须的。这里的离土，与从前政治学、经济学、社会学的探讨稍有不同，我们不过多耽于是否流转土地权属的复杂问题，只是从设计的角度来关心最狭义的"离土"。是否设计出了不再依赖第一产业的其他工业或者旅游业、服务业的建筑载体或者场所。不务农，能不能挣钱？

近几十年来的国内针对农村的讨论，不论是主张流动的，还是主张就地的，不论是主张户籍的，还是主张合作社的，归根结底都离不开一个核心要义，农民增收。这大概是无论社会学还是经济学，大家都可称得上敏锐的一点。其余，忽视农民增收问题，架空讨论文化传统回归，不免有些隔空打牛。

随着现代农业展开，必然产生大量剩余劳动力。这是个问题，也是个机遇，假若这些剩余劳动力能够作为生产力投入到其他产业中去，就是一种产业融合，最直接的产业融合。同时也解决了大农业之后的人口问题。

我们在说农业，并非要坚持乡村建设完全围绕农业展开。恰恰是将最容易最常见的乡土产业所提供和需求的人口与生活资料做一个基本盘点。做到心中有数，建设想要带来的乡村愿景是不是只能用农业来完成。

作为城乡设计者，我们没有办法深入农业的技术研究之中。但是我们急需要思考明白乡村建设中，我们提供给乡村乡镇的建设内容和建设量如何与将要来临的现代农业和大农业和谐共处。我们目前多数提供给农业之外的这些建设量所耗费的资金、人力、时间、土地究竟有没有乡村建设的合理性。做这些设计的将要马上就占用的有限资源中的宝贵部分，能与乡村原有的农业和其他产业有何互相协同促进之道。

与产业兴旺没有关系的乡村建设，只是一场狂欢。

为什么这么斩钉截铁，因为这是一道算术题。

农业美好的愿景是大农业，首先看看简单的面积大小的大。我们一度希望用一百亩作为基本耕作单位——家庭农场。20亿亩农田，换算下来只有2000万个家庭，但是中国有6亿多农民，所以看起来比较适合的是"中农"，运营几十亩的土地。

运营，这是一个产业园区的词汇，在这里，我们把这几十亩农地也当作产业园区了。有了这个几十亩的基础，中农就不仅仅单一供销农作物，还可以延伸农业产业链。说起来太复杂，实际上就是适当加工农产品，变成半成品或者成品销售。这就是与工业的结合了。

这时候唯一的问题就是，规模资本进入农产品加工业的威胁。我们其实都还记得80年代的乡镇企业，一度热闹得很。农产品也很多，但是很快就消失了。其中一项原因就是面对规模城市工业的竞争，面对降维打击，农村的加工业是很难维系的。那么一产二产融合就会变成与农民无关的融合，所能提供的只有一些雇工的职位了。有职位也不错，但不是斯土斯乡企业，共荣华兴许可以，共患难就别指望了。一旦经济生产有所挫折，当年敲锣打鼓来的工商业，就会悄无声息地离开。雇工职位瞬间消失，留下的又是——工业遗存。所以，一方面限制规模工商业大量侵袭，一方面应该让他们结婚成为股东合伙，互相拥有。

工商业的资本和农村的集体建设用地，这个时候，产生了结合的必要和可能。

从地缘关系上看起来，村镇乡县的二、三产业布局就是一箭双雕的靶心，是乡村的可园区化载体。

这就是为什么我们认为集体建设用地不能用来简单地变成为名义上是养老社区，实际上是投资住房的原因。先不讨论集体建设用地养老化到底能不能养了老，养了谁的老。先说，集体建设用地宝贵的5%的份额担负着农村一二产融合的筹码角色。有它，能合作，腰杆能硬点。没它，何谈融合。有了职业和收入，才有农村的养老，而不是有了一个房子，在村里建一个房子，能养的老是城里有收入的老人，这也是很有必要的。但是农村的集体用地，村里自己的老如何养还不知道呢，就又开始操心如何给城里人提供养老服务了，这确实是操心操得太多了。

三产——要知道自己的斤两和作用

那么三产呢？这是一个无情的话题。

对于农业和旅游业的融合，是一个听起来特别美的话题。也确实可以实践，但是可惜，量很小。首先，具有区位条件和旅游资源的农村可以混合发展，餐饮、住宿、休闲、户外、度假等不同内容。这么广阔的项目选择，却都基于一个前提，人来吗？按照一些研究，中国仅有5%的农村适合搞乡村旅游。[1]可见数量是不大的，这个比例可能有值得商榷的地方。因为如今的乡村旅游不见得是完全建立在已经固化过渠道的山水资源分配之上，随着城市居民收入改变和生活方式价值观改变，乡村旅游也有了一些变化。从前的观光和景区度假依赖逐渐转变为并非必需。可能是城市生存条件过于恶化的原因，导致对于只要异质于日常生活场景的小环境塑造就有可能迎来群组休闲。或者依据于接近无中生有的产业规划一样的文化故事·体育主题，也能吸引人群前来。中国的庞大人口，还真是一个利器。

但是，即使有，又怎样。

我们说他量小，不仅仅是说数量小，它的体量也小。少量的投

---

① 贺雪峰：《大国之基》，东方出版社2019年版，第11页。

入是三产的优势，但少量的利润也是它的特点。尤其是，我们每个人都这么耳熟能详乡村旅游，可以看到所有的乡镇村县，一提到乡村新业态，都不约而同说三产融合，乡村旅游。全国可能没有一个县不是正在搞和已经提全域旅游这四个字。这么小的蛋糕，全国一起来分，还可以指望有更多的收益吗。

细水长流的产业有必要费这么大力气去做吗？

政府的巨大投入演变成细水长流，这符合经营规律吗？政府投入转化为均分受益这还算是市场化吗？

没有更多收益，但是有更多功能。在家门口养家糊口摆脱贫困也是功能，如果是招来凤凰的梧桐，那就不仅是功能，还是功德。

对于乡村建设的庞大投入和微薄产出，是对于不同的角色相对而言的。政府作为领投不仅仅是为了在金融次序上获得地位性收益，而是更多地扮演先行者的角色，答疑解惑，树立榜样，以待观察和引领，提供参与者以信心。之后，更多地要勇于退出，交还乡村与市场，转换目标变为系统维护者。集中注意力和角色合理性在制定制度，建立组织，促进与保障的角色上。

角色——三产的投入究竟要干啥

寄予二产和2.5产业的规模发展，三产尤其是其中的旅游部分是很大的热度吸引点。

能让人先听到看到，从看一看到走一走，从走一走到吃一吃，到住一住，最后到谈一谈、投一投。

关系分析表

主体	角色	动作	功能
政府	系统	领投 制度化 组织化	谋划 促进 牵线 监督 服务 保护
本土企业	基础	转型 参股	保障 对接
外来企业	先进生产力	引导 提升	获益 发展
村民	主体	学习 参与	长期执行 获益 互动

在产业集群理论中，旅游是最难以形成产业聚集从而降低企业成本的产业。所以其规模增长性始终不能期待。即使是细水长流特征符合目前乡村建设的目标和方向，始终惠及人群数量太少是一个弱点。乡村旅游吸引人流的长处如果不能发挥，从而引来新的产业契机，那就应该是没有发挥旅游的真正潜能。

这个旅游事业链比旅游产业链本身更有价值想象空间。

所以在大量民宿和农家乐产生的时候，其服务人群的心理安抚效果，以及影响传播的号召效果，远大于其真正的旅游功能和经济收益率。

政府出于乡村建设和产出权益分配过程中，并不处于市场经营主体角色，也不追求市场经营受益角色。它的领投与营利性项目领投不同，领投是为了退出，让出长期经营主体，也让出长期获益地位。对于最后一个角色——村民，不怕微薄，但怕缺乏经济支撑。具备了小型化的运营，如同重资产投入之后的轻资产运用者，利用资产的生产经营获得生机。对于乡村，有了生计保障，不会因偶发事故事件返回贫困，就是最大的福音，也是政府最大的领投收益。

我们从前对小镇兴衰的研究中提到过，每到产业更迭，技术换代，经济困苦之时，正是企业能否坚持，土著能否坚守的考验之时。这种考验不论现在多么花团似锦，也是早晚要来的，晚来当然比早来要好一点。参考美国产业小镇在1998年之后开始的几年兴衰成败期间的表现研究，能够在此期间成为中流砥柱的恰恰是真正的主体——村民的自救动力和凝聚力，同时能够持续付出拉动力的恰恰是政府基层机构。而外来企业在每一次发展瓶颈期都能够起到举足轻重的作用，引导的是观念，提升的是技术。

资本——下乡去做什么

工商业规模化下沉农村，将会给农村农业经营者带来非对称竞争的冲击。所以很多学者从完成基本保障的角度来说，对于农村要慎用市场。因为这个角度的关注主题是农民，留在乡村的农民的生计。从保障的角度来看，农村是农民"留条后路"的那个后路，是属于出不去，出去待不住，出去又结束了职业生涯返回的农民的基本生活场所。不是一个属于村外人的主体地域。这样的问题就好像更新建设之对于旧城、老城，究竟是为了原住民而保护优先，还是为了城市总体经济或者旧城新移民新投资客而发展优先。这个问题，立足点不同，观点就会有巨大的差异。

到现在，也没谁完全说得清楚。

而乡村工商业的发展历史，是从来就存在的。在传统中国乡村，自从人口开始膨胀，农业人口密度增大，就开始有了单位土地上的"过密化投入"，就是俗称的男耕女织，充分地、火力全开地使用劳动力累加来增加家庭收入。家庭手工业，逐渐小规模发展聚拢，手工业和初期制造业的萌芽就都在中国乡村有着直接又蓬勃的历史了。

后来一些时刻，为了大量快速工业化，还曾经"村村点火，户户冒烟"。

到20世纪70年代，我们的记忆中还应该清晰存在乡镇企业大发展的一个波峰。那时候就是主要使用集体用地，大办乡村工厂，离土不离乡，进厂不进城。应该充满尊重地承认，一度在东部和中部一些地区都接近于实现乡村就地工业化的迹象。在当时的苏南地区，延伸出去的乡镇企业创造的非农工业收入，立刻就到了南部。不过也引起了东部和南部对于集体用地发展乡镇工商业不同的土地使用方式，一个是集体创办直接使用土地，一个是集体招租，集体占有租金。

这两个不同方式，日后都成了大气候。

它们各自发展引来越来越不同的两种农村产业发展方向，并且都形成了自己独特的村内非农产业收入的特色道路，也将形成对于村内人群分层结构和村内文化及治理组织的鲜明特点。虽然它们都是不约而同地走向了农村富裕的大方向上，但在研究者的眼里，浙江为代表的东部沿海农村和珠三角的一些同样富裕的沿海农村有着截然不同的示范作用。甚至可以用有前途和没前途来做区别。千万别以为，我用"没前途"这个词过于偏激，因为在一些研究中都曾经使用过"充满了食利者的腐朽气息"这样的词句来做描述，并且，我觉得描述得还很有道理。

20世纪90年代，大量快速的乡镇企业立刻就填补了当时的生活工业品和轻工制造业的短缺。大量快速的市场化很快就表现出了"萝卜快了不洗泥"的不正规、污染大、效率低、质量差等缺陷。这种缺陷一旦面临正规化规模化的资本工业企业竞争冲击，就使乡镇企业很快大量消失。

具备地缘优势和时间优势的东部沿海、南部沿海迅速转型升级了一批乡村工商业，得以生存下来。中部曾经的乡村工业，烟消云散。别说乡村工业，当时曾经风光无两的一些中部省份的品牌工业品、著名洗衣机、电视机、摩托车也都土崩瓦解，成为了令人一边扼腕一边疑惑的记忆。

这些美好记忆之后的悲情铸造者，是城市工业和这之后的城市资本。随着WTO的国际分工，中国城市工业、规模工业在竞争完乡村工业之后，很快迎来了一波大量集中劳动密集需求的国际工业分工。这重新给剩余农村劳动力提供了再就业机会。

这一次，是"离乡又离土，进厂又进城"了。

厂房改造前

加工业不算新产业，但是也基本避免了村村点火，户户冒烟的生态不允许红线。

我们的城乡二元结构体系，换个角度看，是一个保护体系。在限制了一小部分农村向城市的流动之余，目前还限制了一大部分城市向农村的流动。虽然目前令人心神不宁地逐渐打开了经营性集体建设用地的上市流转小窗口，但毕竟还是保留了宅基地不可动摇，和小产权房不能视为合法商品住宅。这两条至少保留了农民工进城后的返乡保障。

我们有18亿亩的耕地红线，而宅基地的不可进入城市资本角逐屏蔽，才是真正的生存红线。无论我们多么希望村民绝大多数能够融入到城市生活方式（这才是真正的城市化）中去，也得正视现实——从来没那么含情脉脉。一般的发展中国家里进城农民大多无法在城市体面安居，是因为他们难以在城市获得稳定且收入较高的工作。中国是特别的发展中国家，有幸的是，依赖于庞大的内增长体量，现阶段大多劳动力充沛的务工农民都能在城市内寻找到稳定工作，而作为定居的高成本，又都尚未能获得足够的支付能力。于是形成了，中期在劳动力黄金时期进城务工，在后期，体力劳动力逐渐萎缩后，可以回到乡村，依靠收入积累和永存的宅基地使用权度过最后的乡村人生。

目前的这个钟摆式乡村城市化过程仍然是可行的。

这个钟摆规律可以让我们猜测，对于限制城市资源进入乡村，主要是首先限制资本对于宅基地的土地投资和房地产开发。次要是城市资本规模式下沉进入到农村农产品领域，例如快速进入的大量种植和规模销售对中坚农民的农业职业挤压。以及农产品加工业的独立投资，独立占据农产品产业链拉长后的增值红利。

接下去，非农业、非农产品加工业，城市资本是否应该下沉至此，农村是否应该欢迎，应该拿出什么资源欢迎，农村集体建设用地的欢迎是否能够完成农村发展所需内容，又如何能够体现农民返乡根本保障作用？是我们现在乡村设计中的主要思考问题。

一个做建筑设计的考虑这么多，用得着吗？

用得着。在乡村设计中，不同于城市设计。

城市中是狮子老虎的世界，相互利用，相互保障，相互实现，是城市资本相互都已经熟悉熟练的套路。有规则，有习惯，有人才，有案例，有监测。这么多"有"，正好是目前大量乡村建设中现场面对下沉而来的城市资本时候最缺乏的要素，乡村建设的世界，现在还到处是"无"。

那么县镇村自己发展工商业能行吗？城市工商业下沉到村镇能相安无事吗？

村庄的产业园区能够落地吗？

这个问题以前我在面对城市的时候提出过一次，那时候的答案是一句话，不能落地是你的姿势不对。

这一次，面对乡村，问题复杂得多。但是答案仍然是，如果不能，那是姿势不对。因为已经有落地的案例，落得不错，并且不孤。

作坊——再小也是制造业

浙江的村庄产业，也是从家庭手工业开始的。

浙江的农业自然条件本身就不是特别理想，因而农民自发利用农闲走上了男耕女织的扩大化道路。以家庭为单位瞄上了手工业能够得着的小商品市场。这个市场面对全球竞争从未萎缩。我们总结二战之后的所谓"第三意大利"以及同期日本、中国台湾也分别实践过的，后来运用了"弹性专精"的农庄手工业就一直都在这条跑道上运行。只不过越来越从手工业转为了机器加工业。从乡土艺术求异价值判断加入了国际艺术品审美竞争。浙江的村庄工业莫名其妙走上了一条专门工业道路。并且从小作坊逐渐过渡到了小工厂。至今开始展开了小工厂的聚集向村庄产业园的道路。

小镇街拍

这一条路上，破产了无数的家庭小作坊，他们以浙江人特有的韧性，这个作坊失败了，去做另一个，另一个也没准还会失败。这些失败者，当时一定焦虑痛苦，但是，在十几年之后却正是他们，不小心就给浙江的农村提供了在中国最具特色的、最有活力的一个农村产业人口群，殊为可贵，殊为好运。

浙江的乡村工业是有其鲜明区块特点，离所谓的"一村一品"也就相差不远了。在某一个乡镇集中着某一个行业的大中小企业，（其实是中小企业，彼时还没有大）。主要的从业者都是本乡本土人，主要利用的土地都是本乡本镇的集体建设用地，甚至是自己房前屋后说不清道不明的，一定要追溯，很可能算不能确权的建设用地。

这是由浙江农村产业的历史沿革决定的。家庭作坊和家庭成员是起初的产业要素里的绝对起点，就是他们需要从家里院子扩大生产，添置机械，雇用他人的时候，顺理成章地在自家院子搭建简易厂房。如果扩大生产顺利，需要继续扩大，而不能取得邻居理解加入的时候，才会寻求村内集体建设用地或者四荒地进行土地成本投入。

在原本没有成熟乡村规划的时代，更加不存在近几年乡村规划文本中出现的"产业用地"这种弱化了集体建设属性，强化了用地发展功能的明确方式。当时这种非建筑用地和非确权建筑逐渐过渡正式建设的过程，减缓了创业期间的成本压力。

在《Hello！树先生》这部电影中，有一个桥段是树先生向村长小舅子抱怨说："你没有跟我打招呼，就占了我家地盖工厂，不够意思哦。"然后被打了。这是一个典型的村庄自有工商业发展初期的土地矛盾和精英捕获的现象。浙江的发展从非正式自宅前院迅速积累跨越到正式使用村庄集体建设用地，没有演变为东北农村中一度出现的强占弱者土地的侵占行为。这两点都使得家庭作坊能够成批，逐渐向正式工厂顺利演变。

《Hello！树先生》演员剧照

存在的合理性，一直以来是法、理、情三方纠结不能释怀的焦点问题。对于治理的有形量化，一个时代有一个时代的条件特点，所谓的合理不合理，我们需要代入到那个公式里去具体判断。同一个时代的不同地域，常常也具备如同穿越的类似历史条件，我们的建设步骤给出一个什么样的外界环境，值得思考判断。

在土地成本宽松的条件下，浙江的农民本地产业化趋势明显。给出了初步答案，乡村本地工业在这样的地理和政策条件下是可行的。

包租婆——直接起飞的土地利用方式

珠三角从乡村起家的时候是完全不同的。

当浙江村民在宅基地前院架起缝纫机的同期，珠三角的乡村产业发展和集体建设用地使用方式走的是相对权属分明，计算清晰的：提供—使用，两个环节分离，提供者—使用者也两个群体分明。那个时代，珠三角地区乡村的工业是直接跨越家庭作坊，一步到位大中小制造业企业的（真的大中小俱全），是基本建立在"三来一补"，招商进村，集体建设用地供给。清一色包含（但不限）各色港澳台及外资企业。本土的农村在供给土地之后，立刻成为集体包租公，收取长期土地租金。如今复盘，这远比当时征地卖掉集体建设用地来得英明，可以说是珠三角大量工业和农村得到长足输血的一盘好棋。

这盘好棋中还有一步后招，就是本地村民能够大量进入引进的企业，成为高起点高水平企业的职业技术产业人口。这在把农村产业提升的同时，也同步提升了农村人口素质和技能。这样的一个南部农业区域将彻头彻尾地连地带人进入工业区域，那大概会是整个东亚夜夜吃鸡的最强王者了。

但是，这个后招始终没能完全打出效果，大概是人一旦成为了可以坐着收房租的状态，就别指望他还要拼搏一下，更别说还要进工厂当学徒了。

所谓乡村青年中产生活想象大概就是这么建立起来的。

好在，我们幅员辽阔，人口众多。这个想象中的产业人口群体，很快被全国各地涌来的农民工填补了。

同样是产业聚集，珠三角本地农村让出了产业空隙，留给了全国。广东本地的农村人口大多在山的那边、海的那边，过着愉快而简单的生活。因为大量外来人口的涌入，从分红集体用地收入，逐渐延伸出了自家宅基地的扩建，来继续收取生活性房租。宽度扩展

乡村居民楼一角

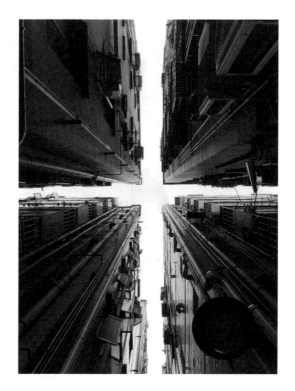

乡村居民楼一景

不了，就向高度要房租。这就是占地100平方米，向上十层再四面出挑不新鲜的握手楼。别埋怨它，东京不也同样吗？

这样的乡村，大家过着收入彼此差别不大的都比较富裕的包租公生活。在一些研究中，将此归纳为扁平结构，对本土的年轻人未能冲破所谓中产阶级陷阱，未雨绸缪地继续创造，继续发展的现象颇有遗憾之感慨。认为其乡村动能陷入沉沦。

其实，这对于我们的乡村振兴的阶段性目标本不冲突。中国目前的乡村建设之于农民更多的是为了提供保障和较好的生活方式，并非不断创新、高上加高、强上加强。一个暂时慵懒的本地乡村生态并没有遮掩它为了中国其他地区农村所带来的，改善个人生活的工业机会。本地的活力和平均化以后的外地的活力，加起来一除，得到的还是除不尽的正循环。

村民生活一角

破产——金子般的人群

浙江的农村呢？更像一个硅谷的农村手工业版。

它一直有着大量的本地创业者参与其中。特别是，起初同质化的竞争，同地域紧缩的竞争，必然造成一定的本地失败者。

在浙江，这些曾经同样同行业的参与者，在失败后，准确地说是在本土家乡失败后，并未受到巨大的生存挑战。因为，还有房子有地。所以能够继续转化为本地企业的中层管理人员和技术员工。甚至退出原行业竞争，转为企业服务。本地的餐厅、酒店、文印、跑腿等。这是一个特别有趣的现象，我们曾经最爱说的二、三产的融合，是从生产性服务业自发出现的。这不是一个建立在文创，旅游基础上向上够着工业赴会的融合。围绕一个行业企业发展的服务裙边，我们在产业园区和产业聚集中特别时髦地称之为"产业生态结构"。听起来是比从前的"产业链结构"要高级要稳固的形式。其中最重要的一环就是这个生产性服务业。

这个环节的村民，占到农户比例的10%～20%，家庭年收入20万～50万元。这一环的上端是生产型企业，占到5%。下一环是大量的务工农户，占到50%。可以看出在参与农村二、三产的农户中，已经形成了金字塔形的稳定生态结构。以前在说城里的产业的事情的时候，我们叫它——"2.5产业"。

这个2.5是浙江农村最好的示范。清控科创的年轻总裁程方博士在谈及产业园区前期发端的时候，用了形象简洁的比喻，做园区应该是像做热带雨林。做好服务基础，包括硬件设施、软件服务、融资传播等，从而形成一个适合产业聚集的区域，并且期待产业来临之时，互成犄角，不再是专心产业链而是去打造周围的产业生态。这显然是当下最具有实践经验又结合了理论分析的真实可操作路径。

泉阳——收废品也发了工业财

中部六省，一直在东部和西部的不同决心之间探索着自己暧昧的产业结构方式。如果不是像山西一样久处于资源馈赠或者诅咒之中，就必须要做出一个选择题，是向东部学习，三步并作两步地跨越过密集型制造业直奔高端装备、AI和智能硬件，弯道超车。还是利用地缘优势竞争西部，拿到东部淘汰的劳动密集型产业，把握更大，所谓一鸟在手胜于二鸟在林。

安徽，自从农业方式变革到工业的路径一直都是一个令人惊叹的地方。

泉阳，只是属于阜阳市界首县的一个小乡镇。位于界首市东南20公里处，距离阜阳市区约40公里。镇域面积约为50.3平方公里；2018年镇域户籍总人口为4.8万人。

但是已经有雄心和计划地展开了一个对于乡村产业有序导入的产业园设计和建造。

泉阳的园区，是结合了村镇原有的传统农产品加工，配合了近几十年出现的特色手工业，逐渐引导机械化生产。他们并没有满足于这一小部分的强化处理。在发现了工业的红利之后。发愿要把自己从前传统的一个行业做大做强。这个行业是——废品回收。

废品回收，以前叫作收破烂儿。别看不起眼，实际上从来就是

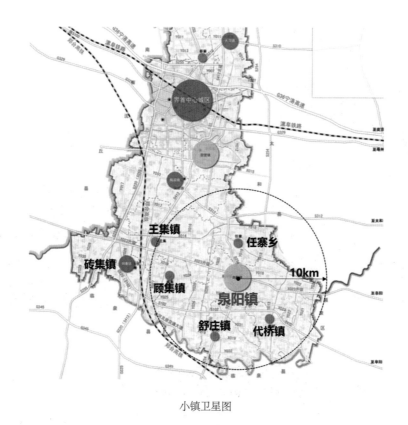

小镇卫星图

一个传统高利润行业。

　　这次的集中规模化，把废品回收，专业化定位为废旧电池回收。这里有一个废旧电池的秘密，就是废电池的绝大多数部件是可翻新继续使用的。

　　这将导致回收行业不仅是完成低进高出的转手。这引发了第二个产业，电动车电池生产。这是一个未曾预料的出现，也是情理之中的预期。产业链中的上下游和原材料关系使然。曾经被轻视的废品业，现在变成了回收、加工、生产这样一个循环经济。在小小的一个乡镇上的电池产量逐渐成为一个汽车品牌的最主要供货商。电池产业周边的运输服务业也逐渐展开。

废品回收区一景

回收再利用产品

乡镇园区对照表

园区	科创城	西城科技园	东城科技园	北城科技园	田营科技园	光武科技园
规划用地面积（km²）	33.2	6.97	15.56	6.08	5.27	4.98
规划工业用地比例（%）	36	32	30	36	67	60
年产值（2014年）（亿元）	—	32.4	42.25	—	150	74
主导产业类型	商务、研发、教育	再生铝	纺织服装、医药食品	绿色城市新材料、智能穿戴	再生铅	再生塑料

同时的循环方式引导出了再生铝、再生铅、再生塑料的企业，这些工业企业以小规模聚集地的形式形成园区，集体解决环保问题。工业企业的乡镇园区化是最需要小规模原子化聚集的，才能抱团取暖，求得环保份额降低生存成本。

再次前往的时候，废品回收板块中，多了一个报废汽车回收拆解基地。

这是逐渐在自己已经具备分散作坊的产业聚集雏形基础上，有中做强，逐步推进，形成一个中轴行业的产业生态。

鱼饵——有中继续做强

有中做强的例子还有鱼钩鱼饵。

在钓鱼人群中，不仅仅是抓两条蚯蚓带几个馒头去湖边坐一天的事了。钓鱼和更新一样，也绅士化了。首先是除了蚯蚓，鱼饵换成了工业化产品，金属的仿生学升级版——路亚。据说用路亚钓鱼

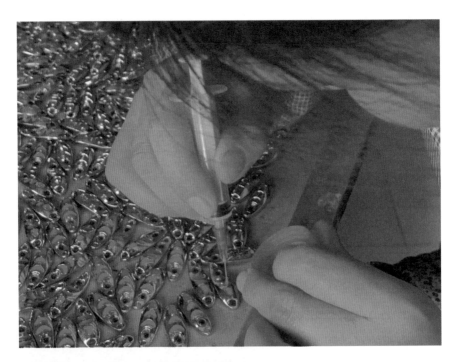

工业加工成品

更加有效，虽然对鱼儿来说不算福音，但是对于界首来说，绝对是大买卖。这里的村民，曾经如同当年的户户点火，家家冒烟，在院子里来料加工，组装路亚鱼饵。各型各色，质量我虽然没那么懂，但是能分得出来从超高精到外形粗糙各个档次的都有。这意味着，覆盖，一个产业聚集地对市场的覆盖。

2017年，界首被授予"中国钓具拟饵之乡"；渔具产业成为界首市的特色支柱产业，渔具产品90%以上出口美国、澳大利亚、日本、韩国等国家，仿生鱼饵年产量占全国产量的80%。目前已形成70余家渔具企业，这些企业逐渐开始在手工业生产中，规模化，之后开始高科技提升产品等级。其中欧思润体育用品有限公司、福斯特渔具有限公司等成为了中国仿生鱼饵生产的领军企业；是中国仿生鱼饵行业标准的制定者。在鱼饵之后，一系列的渔具的产品开发次第展开，鱼竿鱼线，包括钓鱼出行的服装道具，渔具保障。进入了旅游产品和户外运动的用品领域。

户外运动，这可不是一个小产业。

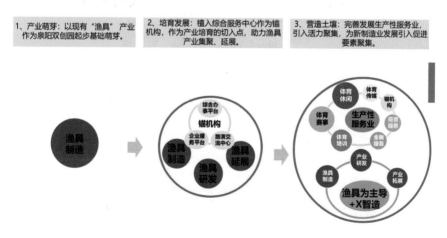

渔具产业链示意简图

2016年，安徽省第四届全民健身运动会在阜阳举行，其中，钓鱼比赛、台球在界首举办；长三角地区体育产业协作会正式发布2020年度长三角地区体育旅游精品项目，界首全国福斯特杯钓鱼大奖赛入榜长三角地区精品体育旅游赛事。

泉阳镇的鱼饵手工业走向一个结合产品、研究、赛事、服务、旅游的园区，将要形成的不是全产业链的，而是全产业生态的2—2.5—3的结构。产业生态对于中小型企业聚集简直是再理想不过，抗打击能力一流的模型。

于是，现在的泉阳终于把一个小小的几克的小鱼饵推到了体育产业。2019年我们到达泉阳再次开展新园区设计的时候，内容是一个有鱼饵加工制造，有鱼饵渔具的展览馆、展销会，每年不同等级的路亚钓鱼比赛，日常的路亚钓鱼培训。

如同在美国北卡罗来纳州的莫斯维尔，在20世纪末也是源于旧有的纺织业逐渐转移而面临衰败。通过对技术员工的大量培训，加上

莫斯维尔的产业聚集示意简图

在2000年建立了汽车研究中心，逐渐呈现了最好的汽车赛车服务产业聚集趋势。这个研究中心继续发展具备当时最先进的空气动力学研究平台，用来模拟和检测赛车的风洞，并吸引美国汽车比赛协会在镇上成立了国家级的技术研究所。现在，小镇很多居民都从事服务赛车的工作，街面上衍生出了几十家赛车用品商店。如今的小镇看不到纺织工厂了，然而新的机械操作者们一点没减少。产业发展首先不是一蹴而就，一步到位的。有时候必须要遵循老鼠拉木锨，大头在后头的发展规律。而有的时候，又必须是，发展a产业，最终走向了b产业。

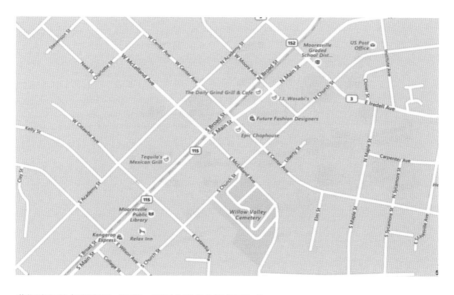

莫斯维尔的主街路网　图源：美国非著名小镇的死与生

　　在大洋两侧的两个区域有着不同的历史地理条件因素，但是都在过去和现在之间走向了一个产业生态的围绕型道路。

　　现在泉阳正周期规划中的园区，也是一个功能复合、地块混合，建筑不大，生产车间、商旅服务交错共生在一起的新园区。

　　对产业来说，这是一次二产向三产的教科书一般的连横。

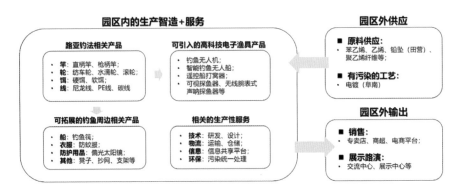

园区内产业功能简图

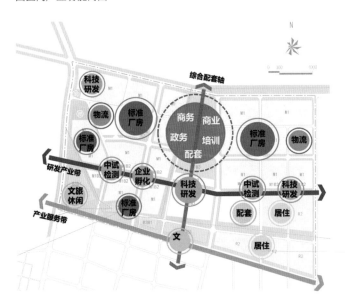

园区内产业服务配套带

融合——不仅仅是叠加

20世纪90年代，日本农业专家今村奈良臣提出农村一二三产业联动融合的概念。他给起了一个特别耐人寻味、充满东方式机巧的名字"六号产业"。即1+2+3=6，这代表了一个产业融合的最直白

园区规划沙盘

方式。采取产业链整合的方式提高农民收入，也就是说，不仅种植农作物，而且要从事农产品加工与销售农产品等，延长产业链。后来又被进阶为1×2×3=6。这不是一个加法和乘法的数学问题。这是把产业的融合从叠加延伸到重组。

以往的三次产业分立发展到产业融合发展的转变，本就是一种打破头脑旧有认识的创新发展理念。产业之间可通过不同方式渗透及交叉重组，实现产业、要素和资源跨界融合。努力探索"互补优势、共享利益、全链协作、共担风险、运营持久"的互利共赢关系。

产业融合概念起源于罗森伯格（Rosenberg，1963）关于美国机械工业发展的研究。罗森伯格发现，在19世纪早期，一些机械设备是在高度集成的生产系统中制造的，专门生产各种终端产品以满足用户的需求。[①]

值得一提的是在产业的融合中，高新技术担任了重要角色，极

---

① Rosenberg N. Technological change in the machine tool industry.

大地提高生产效率和经济效益，这一含义将产业融合的概念从产业内部扩展到产业外部的最广泛领域，并描述了产业之间融合的具体作用方式，其具体结果不但包括新产业的出现，也包括新的经济增长点。产业融合既可以发生在高新技术产业内部、高新技术产业和传统产业之间，也可能发生在传统产业内部和传统产业之间。郭铁民先生认为，产业结构、产业关联、产业布局、产业组织与产业政策诸环节在产业发展过程中的共同作用和影响，引致产业融合，而产业融合往往又能催生新的产业，这其实是一个产业形成和发展的过程。[①]

产业融合分为产业渗透、产业交叉和产业重组三种方式。六次产业不论是哪一种融合，都是同一个目的，就是在乡村不仅发生一个农业生产。农产品加工业是指利用农、林、牧、渔产品及加工品为基础原料进行的生产活动。按照联合国国际产业对农产品加工业的划分，分为食品、饮料和烟草加工业、纺织、服装、皮革工业、木材和木制品包括家具加工制造业、橡胶制品加工业、纸及纸制品加工印刷出版业。这些不同的产业门类之间有的已经有成熟的链条关系，能够互相牵引。有的开始有了尝试要把各自的功能交叉起来，以新代旧，最终产生新产品新价值。这就是在卡纳和格力斯坦（Greenstein and Khanna）眼里的产品互补或者替代，以及在施蒂格利茨（Stieglitz）眼里的技术整合或者替代。

乡村的这一、二、三3次产业主要包括大农业（种植业、畜牧水产业和林业），农村经济主体兴办的加工业、采矿业、商业服务业、运输业以及与农业生产密切相关的科技文化产业等非农产业。

这种产业的扩展，归入融合一般说有四种形式。但是太艰涩难

---

① 郭铁民：《产业融合与走新兴工业化道路的新认识》，《东南学术》2005 年第 1 期。

懂，我们不用管几种形式，只要是多样性合理，大概三个思路，基本就可以尝试。首先是产业之间的延伸性，例如农业，加工就是延伸。加工完组件销售也是延伸，为了销售建立电子商务上网卖货，就肯定是2.5产业，还"互联网＋"了。产业门类间通过互补融合是技术渗透型融合，即通过新技术向其他行业进行渗透，融合形成新的产业，前面提到的收集费电池到有效利用生产新电池就是完全不同的两个行业，通过技术架起了桥梁；还有的是产业内部重组，结合产生新物种。例如基于产业视角看待观赏农业和体验性农业，概念听着复杂，可以继续理解为常见面的草莓樱桃采摘园举办摘草莓大赛。主要是看看手里有啥牌，能把123和456结合起来，可能变成同花顺。

对于中国的乡村，面临的融合不仅仅是产业的范畴。更重要的是能够把过去几十年城市化的红利与乡村分享，就是说城乡一体化，城市与乡村的融合。这个融合听起来抽象，实际上，就是三个最具体的要素能不能互相使用，整合起来，功能互补，甚至有新的项目模式。

这三种要素就是人、地、钱。

流动依靠纯粹的农业产品是效率不高的。农产品的地域性需求基本就锁定了它流动的范围和流动的量级。这些都很容易看到，不太容易看到的融合，其实本应最显眼。就是人力的融合。农村大量的劳动力有可能从农业技能转变为产业要素，各种技能人口。

当然我们曾经在以前的文章中写到过，中国幅员辽阔，远不是韩国和日本那样用一个政策就能包打天下，也不能像意大利欧盟那样，普遍经济发展差距不大，所以可以用共同体策略来平衡转移。

这三种要素，以前流动过啊。以前的流动是单向为主的。乡村的人和钱流向了城市。这次，农村三次产业融合发展的关键是如何将三次产业融合产生的利益更多地留在农村、留给农民。所以这次的融合发生地需要在村镇乡县。在从前马歇尔的传统产业聚集时代，产业工人的聚集依赖于产业要素和成本决定的聚集。自然条件物理距离等等无比重要。在网络时代，产业要素开始非物理化，开始出现羊毛出在谁身上的多产业蝴蝶效应，开始真的可能把互联网的三大秘诀：平等、共享、分散这股科技的力量，应用在最对应平等、共享、分散需求和特征的乡村地区和乡村人口上。

园区 —— 低技术与高技术的融合

东部沿海的乡镇乃至乡村已经逐渐开始向科技制造业的结合点上积极靠拢。中部以及西南一些地区的乡镇在积极接纳东部溢出的一些密集型企业，或者是想要把原来人迹罕至的地方做一些旅游。二者之间其实都与原来的低技术含量的劳动密集和简单农家乐有所不同。不论是技术进步还是利用互联网提高销售，传播。

互联网和科技离乡镇其实并不隔绝，但较疏远。疏远的原因在于缺乏互相的交流机会。这个交流的枢纽需要的桥梁，可以说很简单又很困难——需要能够引进和介绍、信任和推广的人。

借用科技的力量未必是要一时三刻就在乡镇发展科技园区。而是借助科技融合的产业力量。

在广西玉林福绵区的几个乡镇，除了一些特色农业、旅游项目，也在积极地引进制造业企业。

位于樟木镇一个叫作中村的地方，建立了广西第一个专业环保产业园区。福绵区原本就有传统的牛仔裤生产聚集，都是小型加工漂洗，水污染严重。随着环保要求的提出和监督力度的加大，小型的污染企业达不到排污标准，自行完成水处理工程对于小企业来说无法负担。纷纷面临关停。2017年开始，临近省份的大量服装加工企业也都面临同样问题，要么关停要么转行。但是服装企业总得有啊，这是一个低技术行业，和科技的关系就在此刻发生了。

福绵区引入了一个专做水处理的科技企业，用园区化的组织方式建立规模化的污水处理设施。集中提供了入园企业的环保份额，用科技和规模效应降低了成本。本地外地的小型企业重新获得了生产门票。项目一期已建成设施的产能为热电联供205吨/小时，工业供水5万吨/日，生活供水3万吨/日，废水处理5万吨/日。截至2018年，玉林（福绵）节能环保产业园的入园企业达178家，投产124家，总报名入园企业超200家，涵盖印染、浆纱、纺织、服装等行业，带动社会投资40多亿元，实现工业产值50多亿元，实现就业2万余人。

解决了本地企业需求

水处理现场图

污水处理图

之余，不断吸引周边省份类似企业前来入伙，在2020年中，已经发展建成了第三期。

坐落于中村的中滔环保产业园正式投产后，除了进入园区务工的年轻人以外，大妈大爷也展开了服务业。村民林先生很欢乐，他在工业园区旁边开了一家快餐店。"快餐店生意不错，特别是到了中午，和小儿子林华两人一起同时炒菜才能应付得过来。"他说村里的年轻人以前除了出去打工没别的机会，现在在家里住着，在门口工作。

很快，园区的人口红利开始延伸到了周边村民土地价值，这个过程不用论证，广东的包租公经济早已经打过模板。林先生在家的两个儿子现在都建了房子，留出一两间给自己住，空出的房间全部租了出去。林先生说"自从环保产业园正式开园后，外地人不断增多，每间房可租300~400元"。他的大儿子在桂林打工，现在也寻思着要回来建新房子用来出租和在家门口做点生意。

玉林市怎么也算不上一个一二线中心城市，中村也算不上一个天赋异禀的著名乡村。如今也仍然没什么知名度，但是它的产业下乡完成了一个教科书一般的，乡村土地、乡村产业升级聚集、科技融合产生园区的实践。

从本地小企业的聚集，到周边省市企业的聚集。完美地演示了韦伯的产业聚集理论的力量。从经济区位的角度，韦伯以工业在生产、流通、消费三大经济领域活动作为考虑成本的最小化是企业做区位选择的一个基本要素，而集聚能减少企业的生产费用，节省成

城镇化在建企业的现场图

本。韦伯在区位的选择上考虑运输、劳动力成本等影响因素后，肯定了集聚的积极作用，他把集聚分为初级和高级两个阶段。初级阶段是企业通过自身规模的扩大而产生的集聚；而高级阶段是企业间通过联系和组织形成的集聚在某些方面农村三次产业融合发展符合产业集群理论的特征。[1]

正是基于这样一个产业聚集的成本理论基础，中村的环保产业园走通了这一个低技结合高技的乡村产业园区。多种多样的微小型企业散布在乡镇村县，如果能够找到它们的共同需求和痛点，加入一点点科技的盐，就能够产生园区的发生前提了。

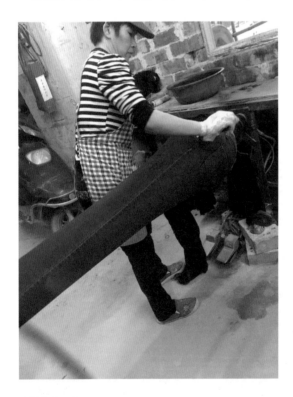

乡村企业一角

原有的低技产业的痛点寻找高技的解决方案，结合价格低廉的土地和建筑成本，吸引培训本土为主的产业工人，不仅是乡村地区产业化的出路，也恰是乡村地区的优势。

原来乡村地区产业竟然还有优势。

往往就是成本的规模效应话题，乡村的产业园区就可以着陆。

乡村的现代性发

---

① 袁浩博：《吉林省农村三次产业融合发展研究》，吉林大学，2019 年。

乡村企业内部景象

展，由此所带来的战略选择必然是产业优先。农业的科技跃迁需要一个步骤和一个系统。制造业回归闲散土地是后工业化之后信息产业带来的可能性，也是科技红利。利用好分散的可能性就是抓住了资源优势。成本控制当然首先是土地和用房，大量乡村从前遗留过的工业遗存的更新是能够给这个系统作为重要补遗，甚至先发。

泛互联网＋——科技园区能否下乡？

本土低技术与外来高技术的制造业结合，已经有了非常好的教科书一般的例证。这是一条通途。那么除了有中做强的方式，无中生有的互联网企业能否逐渐进入乡里？

理论条件是具备的。

想不到，竟然是具备的！

因为，这恰恰是网络时代的技术特点和生活准则。之前说过：平等、共享、分散。

1. 产业集聚出现了聚集与分散共存的新局面

互联网＋是在工业化社会之后，随着互联网技术爆炸式发展后，得以应用到各类社会服务行业乃至影响到了工业生产组织方式后提出的生产生活方式。对生产方式和科技研究方式运用了互联网的平台和规律进行企业发展主脉的科技型企业。这一类企业已经基本摆脱了依靠资源加工和本地化大规模生产为主要内容。从而反映出了互联网的即时性和分散性对企业生产过程的主动改变。

我们要说的这种代表信息工业化之后的各种技术，不论是传说中的物联网还是传说中的数据链或者传说中的全球 AI 联盟，甚至是传说中的爱他恨他的比特币。这都归为一类"泛"网化科技。这是一个新技术为基础的——新经济崛起。

不论你手里的新经济公司的股票最近涨了还是跌了，都挡不住，大家心里认为它总是要成气候，总是要发了财的。

新经济的崛起推动了生产系统的复杂化和社会生产弹性分工，社会生产组织的变化重构，产业布局随着知识经济的发展出现聚集与分散共存的新趋势，呈现出传统空间与新空间割裂、融合并存的全新发展模式。

生产要素的信息化意味着能源和生产资料的消耗需求减少，知识和信息的集中需求增高。科技研发端与生产端越来越多地依靠远程的信息流对接。这很大地改变了企业的内部聚集和企业间的外部聚集。于是企业规模不再依赖于生产规模决定的物理空间的大小。企业的组成也不再依赖于物理空间的组合。产业的聚集在科技方面的反映是，得到了极大的分散的可能性。

而互联网＋下的生产与产品消费依靠互联网构成了与生活人群史上最紧密和最广泛的对应关系。信息化下的生产领域与流通领域空前融合。在这样的前提下，分散不仅仅是可能性，甚至是主动去选择的理由。科技的生产活动和科技的消费活动边界已经开始融化模糊，对应的城市用地和对科技化后的地产必然相对反射。

说到建设用地的分散，还有谁能比乡村建设用地更准确地反射。

2.产业集聚由规模企业向中小企业集聚转变

在20世纪50年代后的产业集聚中，中小企业变成集聚的主体，科技型小微企业的发展一直是国家和地方经济发展的重要动力。高新技术的大企业无一不是从小企业发育成长而来。大家最爱举的例子——硅谷正是众多小企业集聚而成，并继续繁育越来越多的高科技小企业。科技型中小企业通过"毁灭式创新"打破大型企业的技术垄断，从而提升其在产业部门中的竞争力。这种小企业的反动未必是技术创新的唯一出路，但是给出了一条从乡镇薄弱地区进行技术企业突围的曙光之路。传为佳话的"车库"再便宜也便宜不过乡里的一栋房子的单平米价格。在已经不依赖厂家提货和办公室面谈的物流信息流交流渠道之后……

理论上，在山西的乡镇和硅谷的车库是同样的实体。

不同的是政府，恰巧当下的国内政府虽然并不那么了解互联网科技，但是很喜欢支持泛网＋化科技。各级政府不断深化对科技小微企业的政策引导措施，想要实现了从"摘果实"到"播种子"的转变，最后成为"播种子"到"吃果子"的赢家，这已经是对新经济最高的礼遇最大的恭维了。地方政府从以前的承接大城市的科技成果，进行产业转移，引进产业链后端生产、物流环节，到现在更加关注创新源的集聚，引进创新创业企业和项目，从产业链的前端开始吸引、培育新产业和小企业。

这种愿景下，科技园乡镇化，闪现出了一线亮光。

3.空间结构上呈现有机分散与有机聚集并存的趋势

城市是人类文明发展到一定阶段的产物，从原始村落到城市的最终形成，人类城市形态完成了一次由分散到集中、由自组织主导到规划主导的过程。城市一直是聚集聚集再聚集的。

很久以前看，沙里宁教授的"有机疏散"到"新城市主义"。吸引（事物间集、聚、合的运动趋势和倾向）与排斥（事物间离、散、分的运动趋势和倾向）是城市空间发展的两种作用力，城市就是在吸引与排斥的相对运动中获得发展，在集中与分散中取得平衡。然而为什么要叫作"有机"聚集呢？这里反映了沙里宁教授对城市与乡村之间的磁力反磁力的深刻了解。分堆分类的城市人口，按照可行的磁力，对抗了乡村的反磁力吸引，逐渐分成几堆。这一方面可以看作是"有机"的聚集，也可以看作是一个较大尺度上的人口的分散。发展到现在，这种分堆终于不那么依赖物理物质的聚集，那么，从前的分散的反磁力就相对比历史来说增强了。

互联网对空间的最大影响就是进一步削弱了物理距离的作用。产业全球化、社会网络化，让生产与生活的连接可以在任何时间、任何地点进行。从这一点来看，互联网＋下的科技园存在分散的拉力。

产乡融合的科技建设

中国具有大量的小城镇和乡镇近邻的村庄，大多具备基本市政和公共服务设施。在镇中心区与其组成村庄之间除了农田往往具备大量的村庄集体建设用地。

近年，各级政府已经按照中央农村土地政策（《关于农村土地征收、集体经营性建设用地入市、宅基地制度改革试点工作的意见》）开始尝试村庄用地的土地流转方式。其中与产业发展商和地产开发商联合产业园区建设已经有不少展开，各地基层政府依据新型城镇化是欢迎有加。这些外部条件都具备了产业园区的村镇化选点增量的可能性。唯独都还没有把县乡的小型园区分散进入这种模型，当作是乡村振兴、产业振兴的主力。

作为企业，大多在初创和展开阶段的物理空间首选多为廉价土地。而城镇化和乡村建设全都依靠情怀和政策的资金扶持方式不具备广泛性和可持续性。全都依靠土地商业化和居住化的传统地产模式，无异于杀鸡取卵，并无助于当地居民的全生活模式的城镇化。如何给县、乡、村三级提供产业工作机会，从一类产业从业人员逐渐变为二类三类产业从业人员，才是对人口红利的供养和培育基础。产业园区的村镇化也是村镇建设的内在动力源泉。

作为以产业入手的方式，更应该立足于"一镇一支撑"。产业与村镇互为支撑，共同前行。其支撑的基础在于，产业提供新的资金，新的启动技术和启动人员，提供新的企业工作岗位，引入市场关注和渠道，带来配套服务设施的地产市场跟进，改善硬环境，改良生活方式。村镇提供原有待提高的产业基础，待开发的自然资源，一定量的就地就业人口，一定量的服务业地产消费人口。在一乡一支撑的产业布局格局下，应因地制宜，量村而规。在县域领域协同规划产业业态，形成既分散又协同的乡级小型产业系统或者产业带。

以村镇为板块，以区市（郊）为基质，以道路为廊道。建立乡镇产业生态系统。尝试结合村镇特点，田野特点，建立能够六产联合，物流便捷，互联网趋势渐强的新城镇化乡村建设产业建设的三位一体工程。在城市中逐渐受到增量用地的规模和价格限制，逐渐转向大量的城镇领域。以此可见，通过科技地产带动片区发展，形成地产发展综合体的发展路径是城镇化发展的必经之路。

从产业发展的角度来看，城市中的科技地产产业内容多为文化创意产业、体育健康产业、金融保险和科技电子产品、移动和网络终端软件服务研发类，其核心生产资料是人才和技术。而其指向的轻加工，电子物流，农产品相关产业，健康环保医疗产业，旅游文化产品，并未能在城市用地范围内展开。

在互联网＋的产业变革背景下，科技产业与传统工业生产之间的轻制造（智能制造）产业园的选点在事实上也得到了分散性和即时性的信息化优势。不再完全依靠物理距离上的空间优势来进行产业聚集。相反很多时候轻制造产业的自然资源更多分散在广大的乡村城镇。

在我们的规划设计实践中，也不乏尝试的案例。

玉林市福绵区以"产业增长点—产业集聚区—产业带"的空间发展格局，打造点、面、线联动的总体布局结构。

产业增长点：以沿江、沿交通主要干线为依托，以中心城区为支撑，以五大城镇为核心，打造"各镇中心＋支撑产业园"的产业增长极点，实现产城融合。

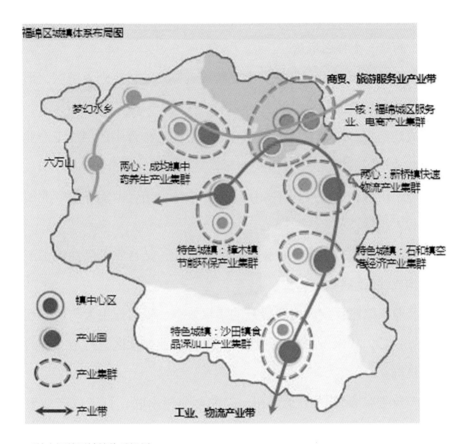

玉林市福绵区城镇体系规划

1.做大"一核"

以中心城区"福绵区"为核心支撑，扩建沿天河东路的区域副中心，通过做大做强中心城区，形成区域经济增长极核，带动地区经济的全面发展。

2.强化两心

以规划机场、高铁、高速公路、国道、省道等交通轴线，对接、串联玉柴、玉州等片区,形成地区城镇综合发展带。不断强化"石和新桥"这两个中心,强化玉林"物流中心"的城市功能,从而带动区内各产业的"对外"发展。

3.构筑三个特色城镇

结合产业园建设,把空间上比较接近城镇的村庄划入镇区,形成三个特色城镇密集群组区。

成均组群:以现有成均镇中心区为依托,结合中药深加工产业园构成成均城镇组群。

樟木组群:以现有樟木镇中心区为依托,结合节能环保产业园构成樟木组群。

沙田组群:以现有沙田镇中心区为依托,结合农产品深加工产业园构成沙田组群。

产业集聚区:发展增长极点的集聚效率、辐射作用大与功能互补的城镇群,集聚发展拓展产业链,形成产业聚集区,打造互补的城镇集群。

产业带:各城镇产业互补,以主要交通串联,打造成产业聚集带。

这个规划把几个乡镇里原本具备的本土产业分了类型,分开了角色。避免互相竞争,尽量互补不足。在这个过程中,大量的小型企业不惧偏远,有生产发展机会,就趋之若鹜。很快产生了各自的小型聚集。开始了多个产业园的进程。这一次的县域层级的规划,不再是为了营造一个中心大县城的城市化。

重要的事情,还得再说一次,这一次的规划,也不是为了一个县城周边的美化运动的。物理空间环境的整容变美,当然很好。

但是，当下更重要的是，给县域系统下的乡和村一个产业发展的前途。

一个家，总需要先找到一个挣钱的营生，再进行客厅的装修吧。

这句话，主导了我很久以来对于设计的看法。

村分南北、财问西东

——乡村建设的地域性划分前提

本章从名词"在地"谈起中国乡村国土分布广阔，文化特色各不相同，北中南有不同的村庄内部人情传统习惯；东中西有不同的村庄经济发展情况。对于乡村的产业和建设以及文化入手点，宜分区认识研究。

乡村建设的各方力量参与者越来越多，人和人之间有了很多不同的主张。有的人要这样，有的人要那样。

而且很多都爱以这样的句子开头："中国乡村，应该如何如何，不能怎样怎样。"

在地

中国乡村并不是一个抽象概念，它是一个幅员辽阔的国土上的一个个具体的人居聚落。一个横跨几千公里的地域上，气候语言，历史沿革，都不尽相同。产业和经济发展有显著差别，怎么能够用一个概念和观点来提出对于乡村的改革策略。

在不同的会议上听到过不少定论式发言，中国农村需要什么什么产业和方向，要做什么样的规划设计。或者中国农村不能搞什么什么产业，避免什么样的建筑模式。这一类的话，从宏观角度出发，确实具有一定指引思考方式的益处，能够提供一些启发。在实操上，不应将一种战略层面的构想直接落位于某时某处。不加思考地引用，起不到模式复制的优势作用，还可能有害处的。即使是要大力提高在地农业，这种看起来特别在地甚至可以说是入土的务实办法，也不能就随意复制推论为只要是乡村，就都还有农业可供提升。橘南为橘而北为枳，地域性那么强的村庄，需要的是破解掉抽象的名词，用具体化的眼光来分析，来提出不同的问题和办法。

虽然都爱用"中"字头开篇，其实大家都很重视乡村的地方性。为了彰显对此的重视，这些年来设计师，又都纷纷用一个更洋气的词"在地性"来加强语气，重新表达。

那么在地，究竟是在哪的地？在此地与在彼地究竟有什么不同。

按照王建国院士的看法，"在地"是"locality"，"在地性"的内涵主要包括以下几点：从特定的地域物产禀赋而产生的建筑材料就地取材；由世代相传、因袭式（Iconic）和实效性（Pragmatic）而带来的建筑建造方式；以特定社区生活圈（如以姓氏祠堂为中心的社会组织形式）为基础的生活和审美习性而造成的地域差异等。也有说法是，在地性来源于"in-site"，"in-site"这个词听起来玄妙，特别有态度，但实际上更为简单，直译就是"现场干"。按照这种说法的解释，在地性是建筑对于所处的地域地势地貌、生态环境、人文生活等的依赖与回应，用特有的面貌和方法来产生协调和互动。

图片摄于山西沁源韩洪沟村　更新作品——何崴

对于规划建筑设计者来说，一说在地，就想到了地形地貌，或者深入一点是地方气候和地方材料以及地方文化特色。因为这几条直接影响到了设计的风格面貌，风格面貌是设计师的最爱。而我们的建筑原则并不只是面对着风格面貌的审美端口，它的要求是"适用、安全、经济、美观"。消费文化的泛滥使得对于美观的理解变化多端，以至于美不美不再重要，网红打卡引来了网红经济。这是不是能够视为美观对于前三者要素的逆袭，还值得观察。讨论是很难讨论出结果了，因为消费把标准给擦掉了。

对于一个村庄自己来说，无论如何也不会心甘情愿为了一个设计的审美去忽视掉"适用和经济"。房子、道路、景观乃至于化粪池还是下水管道，都与其自身生活方式、经济发展情况相关。不同地区的、不同类型的村庄需要不同类型的规划设计。它们各有特殊，也有共性。

东西

既然是幅员辽阔，每个村落都当作不同个体单独实践，就失去了研究的本意，也无法推广。我们需要的，应该是一个类型学的眼光，把中国农村来一个大致的分类。之所以叫作"大致"是因为，其所涉及的主要因素众多，不仅有经济、产业、人口、土壤这些可以明确量化的条条框框，还有风俗、习惯、文化、管理方式等这些变化多端的方方面面。

贺雪峰先生按照经济发展，把中国分为东、中、西三纵列。中国经济内部的东西之分，并不陌生，也很容易理解。

东部沿海发达城市周边的村庄，已经相对富足。密度较高的城镇聚集，经常使得村庄连绵直接包含在城市连绵带内。因为密集，东部的农村很多得以企业入村，产业转型。从制造业开始走向信息产业，从密集劳动性甚至转而追求智创高利润型。因为与城市的距

东部沿海村庄

离较近，不仅没有大多空心化，反而变得更加繁荣。这种繁荣并非那么完全是让人乐观欣喜，财富的增长会带来村庄的文化改变和收入分化。

"收入分化"，有什么可专门说的?

其实收入分化这个词，是努力谨慎选择之后的一个表达。容易掩盖它背后的大量不容忽视的文化和管理迹象。我们看到很少有人在农村社会学领域里谈及阶层，贺雪峰先生使用的是一个很笼统的词"社会分化"。

贺雪峰在他的《最后一公里村庄》里提到，大部分村民却只能在已经形成的全国劳动力市场上务工，获得有限的收入。外来农民工则很难融入沿海发达地区，他们在发达地区赚钱。然后回家消费。也就是说，东部沿海发达地区农村已经出现了严重的经济分化以及由此带来的社会分化。这种社会分化不容小觑，但是比起来都没钱能进行分化的村庄，可以称得上是"happy accident"——幸福的烦恼了。

中西部广大农村，还在努力从农业走向农业与工业双全，争取把经济状况弄得繁荣一点点。与东部农村不同的是，中西部农业地区村庄出现空心化现象，大批不满传统农业收入的农民，远赴他乡。开始外部务工经商，这种空心化，不仅仅是人口的空心，当大量青壮年外流，村内伴随型地再无更多产业发展机会，甚至土地撂荒。少量富人大多选择了外迁，豪宅发财都在村外了，村内居民差异不大。

我们可以看到，从大略上就可以明显区分出东部和中西部农村的巨大不同，经济发展情况不同，村内需要关注的人群不同。那么他们需要的乡村振兴动作内容怎么会一句话概括为一个倾向呢？不论如何就到处都搞一个乡村民宿，旅游文创，究竟是不是淮南之橘淮北之枳呢？

乡村锦鲤

——山西琴泉村文化振兴更新方式

本篇介绍了三年前在山西的设计实践案例之一：对于一个县郊村落以村委会小楼立面改造为抓手的村庄公共空间提升改造。提出了更新应注意的几项问题：本地文化，文化的升级换代表现与守成态度的均衡，对于规划的可执行原则、经济型原则、公共参与原则与可更改性展望需求。

乡村建设的展开吸引了很多建筑设计师走入到从前并没有那么熟悉了解的乡村里去。设计师们当然是相当程度认为自己熟悉文化的。我们都在谈振兴乡村文化，还有留住乡愁。文化和乡愁这个东西，如此抽象，而要展开的设计工作又非常具体。抽象的乡愁能否反映在具体的设计建造中呢？规划设计师用什么样的有形的物理动作能够促进乡村建设中的文化振兴？

之前我们已经谈过无论有多么崇高的对土壤的热爱，都离不开对当代产业更迭的跟随来得重要，能够参与到不断地产业分配再分配，才能参与到不断地利益分配再分配。

那么产业更新务实的地方是科学和技术以及可以量化的经济指标，投资金融组成的。而可叹的是，对于务实的、可以量化的、我们总是重视并容易把握和找到目标，而对于务虚的、难以量化的，例如村庄的凝聚力、文化特质、在地的情分、故乡的惆怅、那些本能够引起外来者或者当地人心情变化的要素，就是那么忽隐忽现。它起作用的时候，我们为之扼腕。它日常隐在幕后的时候，我们就顺便遗忘。

人vs文

产业的更新都是由人来执行的，不论是外来的资本还是村内的参与者。机会出现前，村内需要良好的商业合作的文化，更新改造中，村内需要凝聚力，遇到挫折的时候，需要愿意携手坚持，不离不弃的乡党情分。事业成功时刻，需要——现在谈成功还为时尚远。总之，这一切的村庄文化实际上都直接关联着村庄更新的难易，成败；熟人社会已经逐渐散去了。但是陌生人准则还在。

无主体熟人社会已经把人群口碑道德约束挪移到了外乡城市，分散在了各地，再次聚集在网络社交软件上的时候，网络武力数值已经急剧降低。而从前的村内武力保障已经不符合当今的社会治安治理容忍阈值。法制的健全和下沉，人群在地性的消散，瓦解了以前双方都能注意到和默默接受的管理模式，哪怕这个管理模式是充满瑕疵和不完美的。

那也比现在双方吃不准相处之道强一些。吃不准和测不准差不多，影响优秀外来资源进入。也影响外来资源生存，也影响村内生活稳定、受益发展。

有时候主体和客体之间还有一个执行者，通常叫操盘手的。无论是在乡村真的投资做重资产的还是自诩技术超群来做轻资产运营的企业。在城里，操盘手都是主体的执行者，他们往往有股权关系或者雇用关系。因为股权主体是绝对强者。操盘手依靠技术自信。两者已经建立起来稳定的社会认同和相处之道。同时关键时候靠法律，日常时候靠章程，不想要章程的时候，也不想走法律途径的时候靠圈内口碑和网络武力来保障。

而在乡村这几点都还在期待中。

握有土地所有权的股权主体——村集体，往往是弱者，甚至一个依靠网络平台，销售民宿的轻资产运营方都可以在这一场置换博弈中取得主动成为强者。而这种一时之强，并不能一劳永逸解决问题，不久之后，就会面临到挑战。挑战来自哪里什么强度还测不准。这涉及乡村文化。

陌生

多数的对过去乡村的文化模式大家是建立在两个符号上的：乡绅和村内共同道德约束。其实这两点现在都减弱了，有些人认为是消失了。但是奇怪啊，乡村内还有基层组织，他们不是能够代表权威甚至超越原有权威的缺位吗？此外，村民的道德约束从未发生过令人疑惑的集体沦丧啊？道德没有缺位啊？

那么村庄的文化问题是虚假的吗？

其实组织还在，需要加强，道德依然淳朴，只是，人不在了，村民不在村内了。

从前费孝通先生在《乡土中国》提出的，中国传统社会有一张复杂庞大的关系网，人熟是一宝。这个熟人社会的村庄文化内在原因由土地制度、农耕技术、历史风俗等复杂原因。但是外在表现却与简·雅克布斯描述下的波士顿北角的街头人际关系相差不远。至少它们都有几个共同点：街头巷尾的公共场所建立关系，互相交流带来的彼此基本了解。虽然在大都市中还有人号称着小街区密路网带给它们很多熟人街区特征，但我们知道那也基本是勉力维持，在网络化的社会关系冲击下，都市的街头关系基本走向瓦解了。

而中国的乡村被冲击的力量是双重的。

贺雪峰先生曾提出"半熟人社会"概念。其中一条特征在于：村民对村庄的主体感逐步丧失，村庄越来越难以仅靠内部力量来维持基本的生产生活秩序。而吴重庆则进一步提出"无主体熟人社会"。大量的农村中青年离开乡村打工，主体生活在别处。不只是这样，真正的无主体不仅是法理上的，而是情感上的：农民对村庄失去主体感，即费老所说的农民与乡土的利益关联、情感眷恋和价值归属。尤其是情感眷恋是价值归属和利益关联的基础，是能够不以时间空间距离为限制的。想到故乡，即使是远隔千里，此去经年也仍然心泛微澜。愿意多看看，想要去走走，甚至希望做点事。

别误会我想探讨的是熟人社会的利弊与重建与否。

我所想探讨的是用什么样的途径能够在大家普遍认为人口流出后的乡村中，能够为了重新振奋乡村内的精神，探索一个抽象的情感网络，乡愁能不能具体建设。

乡愁

乡愁是什么呢？

乡愁是情绪，各种情绪，与故乡有关让内心泛起波澜的情绪。不只是惆怅和近乡情怯。

说到了近乡情怯，怯什么呢？有一首歌里面写得很生动，晚上走路，怕误入百花深处。百花深处可不是天上人间的代词，而是一条有名有姓的幽静胡同。这也是我在2004年做西城区头条到八条保护规划和德胜门内大街改造的时候才知道的。还专门去看了看。我怎么就不怕误入了呢？

我在那里没有熟人。

歌词里说了，怕的是看到地安门城楼，就想起城门外的狼族，含着泪想进城。看到了胡同老房子，就想起城门内一位老妇人，仍在安详地等着出征的未归人。近乡情怯，怯的就是这个——睹物思人。

睹物思人换成贾樟柯的一个电影名字更清楚——《山河故人》。

山河是乡村的物理环境空间面貌：是田野沟渠，也是村落风貌，街巷格局，历史建筑，老宅故居。

故人是旧日的知心好友，今天的再见面容，是过去不堪再见的回忆参与者，是一笑泯恩仇的宅基地邻居。故人，是那些过去交杂在一起的村里的触动过自己的事情和人际关系，无论是欢笑泪水，是暗恋离婚，还是兄弟情深或者争执反目。都一股脑地和在一起、搅在一起，翻起胸中复杂感情浪涛。翻起想要再次返回个人生命历程中来，再次亲近这个地方，建设这个地方的闪念。

图源：电影《山河故人》剧照

这是乡愁。人物关系感情纽带是通过村里的房前屋后，街头巷尾发生的。没有这些公共空间，就没有人和物，乡愁易散。

所以乡愁是能够建设的。就是提供可睹之物，显山露水，房前屋后。建设可供今人重走故人之路的那些街头巷尾，建立还能够让人继续发生共同交流事情的公共空间。形成接续故去的当下的新的交流纽带，用交流延续这个地方的文化习惯。

这个地方的文化表达不是一成不变，不是一味回顾的，是随着时代不断前行的，因为年轻人们已经前行了。

新鲜

刚才我们谈过无主体熟人社会的文化重建，是不以空间距离为限的。需要能够激活当下村内人口与外来人口的（潜在）的共同热点。其实无主体熟人社会最大的挑战在于网络，最大的机遇也是网络。如何能够在一个虚拟的网络上建立社群关系，有可能重新联系起挪移过的人口，能够加强闯荡在外的游子的故乡情结，实际上它们本身也还是挺关心在家里都发生些什么，假如不是那么让谈话没有什么兴趣和参与感的话。

虚拟的社群有一个好的地方就是扩散性比从前的口信和信件来得更快更直接。那么留给我们的问题就是怎么把要传递给他们的内容做好。他们年轻，在城市，在他们手机中传播的来自家乡的新事情一定不仅仅是故乡的老牛和黄昏落日。

一个有着明显乡村气质的，也有新时代的时尚要素的，又有着截然不同于现实中他所处的城市的审美客体，成为了迷雾中隐约可见的轮廓。一个给当地村民熟悉但是夹杂些许新鲜，又能够便于利用网络传播。图像声音简洁鲜明，传统与现代，乡村与城市，农耕与工业，甚至网络的模糊共生的立足于乡土，有着新时代的表现因素的东西。

当然，我们所做的文化表现首先是要满足于当下村庄内部文化需求的，是需要在交付给村民的时候，让他们感受亲切，同时还有些新鲜陌生交织的复杂情感波动的。如果与此同时，还能与城里的年轻人有一些审美共通就善莫大焉了。

熟悉又新鲜，我们追求的大概就是他了。

克制

对于设计来说，对乡村的改造应该是要对应这个熟悉夹杂新鲜的场景。首先对于村庄的规划格局的原则就应该是，克制性规划。

乡村的格局不仅仅关联到文化，还关联到钱和土地属性。虽然我们已经逐渐要把国土空间规划眼光转移到乡村里，从前的集体建设用地逐渐在规划文本中也换用作"乡村产业用地"，但是挪移和置换仍然是一个有较大难度的工作，这个难度倒不是规划本身有天堑，而是对原来的居住人口的转化有着太大的改变性。这种改变优劣需要时间判断，需要设计师经验积累，也需要大量资金，这对于脆弱乡村来说太难了。我们想要给乡村一个文化的逐渐更替。

之前在城市更新中曾经有一个提法叫作针灸式改造，也有人把它提到了乡村改造中。其实针灸这个比喻对于乡村还是有点太尖锐了，太刺激了一点。相比之下，乡村比我们熟悉的旧城还是更脆弱了一些。吴良镛先生曾经在20年前提到过的"有机更新"，就是用微循环的节奏，一部分一部分地改善建筑和空间景观面貌，实际适合地区内的功能，改善了生活条件，提升了街区的气氛，增加了街区对外的号召力。这些对于旧城更新的既往的研究有很多能够直接给予乡村一些有益的参考。

维护这些村内原有的格局肌理，有什么必要呢？主要是为了留下乡村文化传统的载体。前面不是讲了吗？新时代有新要求，为什么还要同时那么重视文化传统呢？这并不矛盾，在海量信息冲击下的新时代中，缺少了传统就难以建立共同的身份认同。连这个乡、这个村的身份认同都没有，就没有共同体，没有凝聚力。

区域

对于乡村的肌理以不做巨大改变为基本准则，那么我们一般选择哪些部分作为入手点呢？

从前的村庄拥有绝对的公共场所核心区域，拥有着半官方的广场空间。例如祠堂、学堂、寺庙。还有着完全非正式的集中交流空间，例如井台、大树，还有稍微宽绰一点点的街道边角，小卖部门口。总之能够经常遇到些人的地方，逐渐就能够集散、能够交流了。每每村内有什么新鲜事，这里就成了互换内容，甚至最后形成决议的地方。

如今，这些地方渐渐冷清了。一部分原因是原有村内核心区功能完全被更迭了。另一部分原因是，生活方式更新了，从前的水井依赖、小卖部依赖、槐树下的八卦娱乐依赖都转为了网络娱乐，手机传播，几十个频道的电视节目，空调暖气改善了的室内温度。因此，我们要观察挖掘村民现在的场所，顺势改造，往往街头巷尾的非正式空间更新之后，条件改善，内容引人，更能便于日常使用。村内核心更迭过的新的功能位置：村委会，卫生所门前的广场就是新的集散场所，村口进入后的主要街道两侧，如果要是这几个更迭过后的区域恰好在村内主要中心区域，那就恰好合适。

琴泉村

　　山西沁源县城不远的琴泉村，历经多次村民自己改造，已经不具备太多历史风貌。但它有一个传统的村名和图腾式的人物：琴高真人，他是战国时代的音乐家，传说常骑着巨大的黄河鲤鱼穿梭各处。描绘这一神奇场景的清代古画馆藏在上海市博物馆。当地村民对自己村子的这一特质相当重视，村委会里桌子上就摆放着在山后挖出来的清代石碑。每每都自豪地给来客讲个详尽。但是，整个村子的气质已经与上古的真人看不出关联了。这种强烈的自有文化意识和文化建设表现的缺位的对比促使我们希望对琴泉村的空间文化做一些能够立刻给人以直观感受的东西。

　　最容易想到的也是最时髦的恐怕就是建设一个纪念这位半人半神的建筑物了。不过，建造一座房子总是很贵的，村民又真的会被一个文化俯瞰角度的纪念馆或者叫作书院的与村内日常生活隔绝着的院落所触动吗？来一个概念上的纪念不如来一个有纪念主题又时时得见的活动场所，这样能够更多地增加村内的活跃度。活跃度这个词，其实挺重要的，是我从安徽一位县长嘴里学来的。以后与乡村打交道的日子中，不断想起这个词，也不断听到其他的老师讲起这个词的各个变种。后来发现，我研究生期间的导师栗德祥先生提出的人居环境积极化，就是贯穿我重视活跃度的起始点。

　　牵一发而能影响全局的区域，应该是村委会这样的核心区域。琴泉村村委会和卫生所所处的位置，恰是正对村庄入口的中轴线顶端，也是村庄地理上的几何中心。门前两侧，有大树、有长廊。只是整体缺乏内容主题，环境不够整洁，边界尺度不亲切，景观性标

作者拍摄，琴泉村改造前街景

作者为琴泉村所作规划图

志物尚未确立。

村里的其他建设用地完全被住宅匀质地铺展使用，基本没有公共活动区域。这个区域的缺失，使得并不贫困的村庄却并不活跃，村文化，不论是有关琴高真人的还是有关于当下社会生活的，都必须依靠村干部不断地主动去用活动式的宣传来强调，而不能依靠日常的点滴逐渐强化。改造村内的核心开放空间，提供加强活力的广场，成为首选。

村委会

广场呈东西向，从村入口牌楼开始的中心轴线到尽端是两层的村委会，就是改造对象，对小楼进行图像化的"包装"是清晰的设计判断。这种包装，在很多人眼里，未必能算得上建筑设计，那么它是什么呢？算景观设计吗？似乎也不是，但是它可以是有效动作。能够简单快捷地改变村内空间氛围，提供场所吸引力。

改造街头巷尾的边角活动场所，改造村委会建筑的立面就是一个简单的点滴可见的小改造。这个改造的文化特征依照熟悉又新鲜的符号调性，决定了我们一开始就不是一个纯粹优雅高冷的形式。在设计界，如果一旦你说出了符号这个字，表现又具象，基本上在学院就曲低和寡了。好在，我们不是在学院的后院做改造，我们是在一个山村。这个山村能够横跨它自己的文化特征和山外城里的故事该怎么讲呢？

周榕教授跟我笑言说，琴高真人的坐骑——这条鲤鱼，早就在网络上成了吉兆。一个似乎也与音乐有点关联的组合把好运气的象

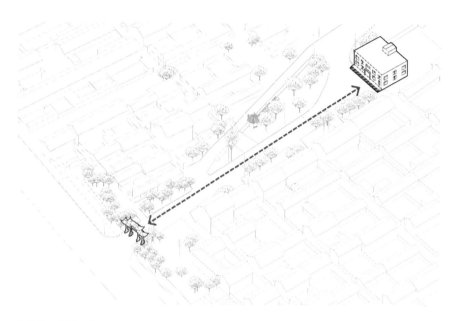

作者为琴泉村所作规划图

作者为琴泉村所选鲤鱼造型图

征推广到了一个具象上，叫作——锦鲤。一句话，打通了这个山脚下的文化隧道。

包装

包装计划用表皮的方式来"加"上去。从村庄入口走来的两侧，新建几道矮墙，壁画结合设置座椅、雨棚来做路边小广场。保留原有的路边树木和原有的欧式罗马柱的长廊，毕竟村民觉得洋气。

改造后琴泉村街景

画面的主题围绕着"鱼"展开，掺入了各种俗气的东西，甚至还有财神、黑猫警长和葫芦娃。村委会的包装作为底景，要在年画的大鱼图案和年轻人的锦鲤图案之间把握，好在我们有一个美院的画师朋友，这对他来说，不算难事。

设计师和艺术家联手改造环境，这是一个包含美院壁画系教师、外省画工、村民、村长、村书记、外村施工队的综合团队。

村委会立面上的这条鱼，需要满足几个条件：

（1）从村外道路和村口能够醒目地看到；

（2）在建筑近处应该不觉得是一个广告板画面；

（3）减少村委会二层室内西晒，要有采光并保持通风；

（4）操作简便便宜，不满意还能更换（甚至回归原始设置）。

我们将图像转化为像素单元构成的方式，单元和单元之间存在空隙，满足一定程度的通风和采光。

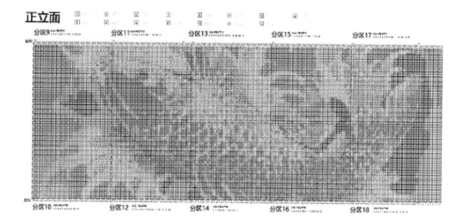

作者为琴泉村创作鲤鱼数据图

经过图像处理分析确定为可以定制的亚克力片，颜色大小可以直接在某宝电商平台上订购送货到施工现场。

便宜

乡村归根结底是一个弱流区域，经不起昂贵的试错。轻便，便宜，可更换。是试探性改造的初步策略。因为事关信心，又不能太过广告布景化，这就涉及了一些自己的建构方式。

我们对乡村的施工水平是很不了解的。就是说我们提供的图纸方式材料可能对他们很陌生，我们很陌生的方式方法，可能他们觉得很容易。

这是一个没有任何房屋地产收入的改造，不便宜不行。（其实多数所谓民宿村内咖啡馆的改造，也基本够不上谈什么投资回报的问题。）所以我们必须想办法用一些便宜的材料，找一些简单的办法来完成建造。

作者拍摄：沁源琴泉村改造后街景

低技术构造

构造是"挂",所有村民都可以参与"挂"。为此我们建立了一套便宜的金属网挂片系统。十字交叉的镀锌铁丝网旋转45度焊接在建筑外墙,亚克力彩片金属网用圆环穿起来,通过圆环挂在铁丝网节点上,就是这么简单的一件事。事实上,我们的施工并不需要如上所示的这一套看起来非常学院派的爆炸图和剖面图。现场比划一次,村长和临时雇用来的当地工头就都明白了。

村委会的立面就这么由3万片鳞片般的挂片,包裹了上半截。从村口一进入村子,直接就看打这个醒目的建筑景观。在风中的这些鳞片微微地摆动,阳光下的鲜艳的色块波光闪烁。村委会北侧的电线杆上架着的变压器,已经用黄色的穿孔板挡起来了一半,上面穿的圆洞,提供了通风和日后检修的便利。同时,圆洞配合变压器一起形成了一个工业风的装置的表现。算是把公共空间中凌乱的一个消极地标,景观化、积极起来了。

公共参与

琴泉村的设计改造,围绕着琴高真人的坐骑展开,延伸到了锦鲤的概念,大鱼的图像绘制方式也是更新过的。相比年画中的大鱼形象,似乎更适合年轻人的审美趣好。街道两侧的一系列零散小广场改造也是通过建立了一些景观矮墙来建立新的边界。采用的除了传统的砖墙彩画,也夹杂了一些金属穿孔板。墙是没什么稀奇的建造方式,只是,设计师的参与,稍微改变了墙的高低斜面,墙也不

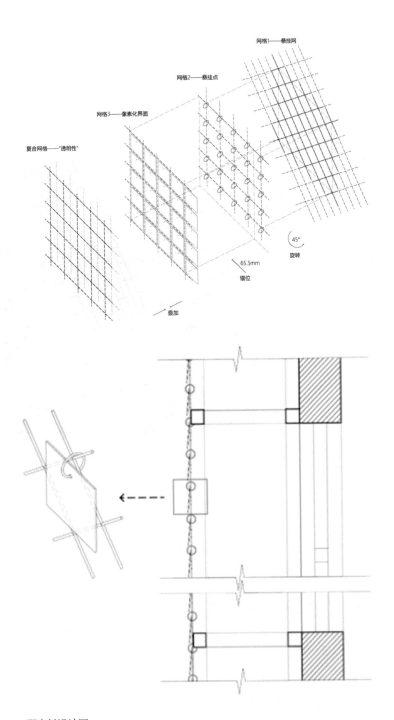

网格1——悬挂网

网格2——悬挂点

网格3——像素化界面

复合网格——"透明性"

65.5mm

锚位

45°

旋转

叠加

琴泉村设计图

作者拍摄：沁源琴泉村改造后街景

再是直来直去，为了围合空间，做了一些折线的变化。

在施工初期，村民对于这些不太寻常的墙是带着疑虑的目光旁观的。

这种疑虑触发了设计师和壁画艺术家的再次思考。于是将图案的初稿交由村支书来跟村民们一起讨论。实际上，我们了解过以前也有壁画艺术家在其他村内画过一些壁画，只是解决有点意外。艺术家的精妙画作，并不能让村民喜欢。很多在以后的日子里就被涂抹了。希望能以巧妙杠杆撬动的村内文化气氛并没有完成。

作者拍摄：琴泉村街景

壁画的技巧大概不是村民审视的核心问题吧。关键是，这画给谁看的，听谁的。我们开放了一大部分的建议权给村支书带领的村民们，村民也确实没客气。中央美院毕业的王老师的初稿被零零碎碎提了不少意见，最后一总结，决定要不重新画吧。

当我再来到绘制工地的时候，看到除了锦鲤这个主题之外，衍生了鲤鱼跳龙门、神仙骑鹿。原来这也都是琴高真人的各种附属传奇。不只这些，竟然还有财神、寿星，这当然不是琴高真人的一脉传承，但这是村民的心头好。还不只这些，竟然还有葫芦娃、黑猫警长、狮子老虎熊猫，这更加不是多大的创作，不过这是村里娃娃和孩子妈们的主意。这些主意吸引来村民加入了艺术家们的工作组，和他们一起蹲在街头画起了壁画。

村委参与琴泉村改造过程

看到自己的院门外的墙上开始出现大鱼仙人，原本旁观的村民也会给画工送水解渴，下雨帮他们收拾工具，请进屋里休息。我想他们会逐渐认为这是自己的作品吧。

完工

设计和施工历经了半年时间，建立了几片墙，包裹了一个小二楼。当地居民对于"大鱼"的形象非常热情。村委会的立面改造花费了10万元不到的工程造价下，琴泉村成为了沁源乡村改造过程中村民眼中最耀眼的明星村落之一。他们对于一条"鱼"的热爱，超出了设计团队的想象。这条鱼似乎比其他所有的设计都让村子更兴奋。

琴泉村鲤鱼壁画街景

完工后几天，我已经看到大妈们靠在改造后的墙上晒太阳。娃娃们在壁画前面拍照合影，大爷们对大鱼指指点点说着点啥。旁边村的后生在私聊：琴泉村弄上了鱼了，真不赖。

飞鸽还是永久

——贾科长的乡建与回流精英嵌入方式

本篇介绍了中国导演贾樟柯在其家乡汾阳贾家庄组织的文化活动，并以此为载体目标而新建的餐厅、文化园区、电影院。以此为例梳理了乡村建设中的本土精英与外来（返乡）精英的合作模式。

贾科长不是科长，是电影导演。

他说他只会做电影的事。

图源：贾樟柯导演提供

电影和建筑，原本就有很多关联。据说还有建筑电影学或者电影建筑学等理论。

虽然我并不赞成太过于宽泛和无厘头的学科交叉。但是对于这两门学科来说，交叉总是难以避免的。以前就曾经好为人师地给人讲解过颐和园与昆丁·塔伦蒂诺《低俗小说》的关系，以及苏州园林与盖里奇《两杆大烟枪》的关系。进口、出口、移步换景、互文互嵌，种种听起来很高大上很玄妙的理论关联。前几天发现原来在电影里把它叫作环状叙事和网状叙事。哦！说的竟然是一码事。

　　十九年前一次聊天，谈起他的电影。我说了一番对于城市、郊区、小镇社会转型观察的话。后来，觉得并不完全。因为难以包含其中隐性的对于乡村的情怀。

　　也许很多年以后的和今天同样阳光明媚的一个下午，贾科长如果回顾起过去的这两三年，会觉得电影的延伸文化行动也是乡村建设中的一件事情。

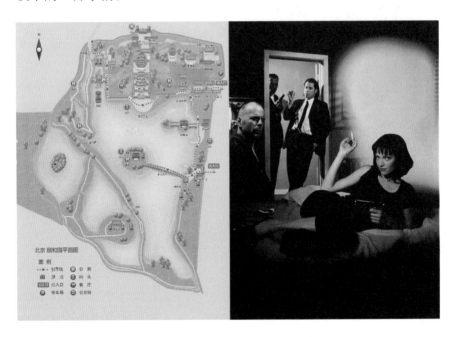

作者拍摄：颐和园平面图　　　　　　　图源：《低俗小说》剧照

　　前些时候好不容易从城市更新入手写到了城郊，从城郊写到了城中村。很快就要进入到我们的正题，乡村更新了。但是突然被贾导演和乡村这个话题岔开了思维。因为无论是什么样的乡村建设、什么样的乡村更新，最终都离不开人。所以我们可以先来谈谈人吧。

贾家庄

贾导演的电影事业中有一部分是电影和文学的节展！

有著名的平遥电影节，在平遥古城中热热闹闹地办了几届。

在县城里的废旧工厂改造之外，在他的家乡还办了更多的事情。

他的家乡当然是贾家庄了。

这是山西靠近汾阳市的一个小村庄，附近出产著名的汾酒。现在算是富得流油，以前那里曾经穷困潦倒，还有过一首民谣叫作有女不嫁贾家庄。导演把他的电影事业带回到贾家庄。拍过外景，组过剧组，做过访谈。贾家庄也积极地迎合着导演带回的电影衍生品。他们先建设了系列的小吃街，其中一间餐厅里边齐刷刷地摆放着几座金狮、金马车等奖杯奖牌。

图源：苏圣亮拍摄的平遥电影宫

餐厅起名就叫《山河故人》。这个命名可以看出一个外出打工多年的回归者对于故乡的情感。贾家庄的山西菜也确实是好吃，慕名而来的爱好者们不在少数。

在这条小吃街的周边还有音乐广场、儿童活动场。可以一眼望穿，这曾经是用民俗美食亲子旅游来走的小康之路。所以他们并没有停止于在这里做一个餐厅，在平遥电影节之后，贾科长接着办起了吕梁文学系。在这个山村里谈论文学，那可不是一件空穴来风的事，可以说渊源大了。这里有过山西文学的高光时刻。

作者拍摄：贾家庄山河故人餐厅

前辈

山药蛋派的著名作家马烽，著有《吕梁英雄传》。曾经在贾家庄长期蹲点创作，在这里他写出了《我们村里的年轻人》。

他是从山西走出去，从北京的岗位上又回到山西，在城里工作，又回到村里写作。在贾家庄还建立合作社，带领村里群众改善盐碱地，干出了一番惊天动地的事情，直接改变了当时村庄的粮食产量，能吃饱穿暖、丰收粮食，在当时就和脱贫差不多了。他还把自由恋爱的主张带给了村里的年轻人，从纪录片中看出，年逾八十的老人还能回忆起马烽给他们讲恋爱的事情，可见，当时这样的一个方式对村里的文化改变是多么深刻。

图源：电影《我们村里的年轻人》剧照

吃饭、合作社、恋爱；

产业、组织管理、文化。

要说乡村建设，这是几十年前的老前辈了。

马烽是孝义人，这里不是他的家乡。他来到汾阳，依稀似是故人来。算是回家，也不是回家。马烽是村外人，也是村里人。他时而短居乡里，时而回到城市。再次返回村里的时候，又会带来自己的新的东西，也会深入村里新的部分。他在贾家庄的身份是模糊的，和他一起干的，是当时村里的一批年轻人。后来我在访谈的纪录片《一直游到海水变蓝》中，看到过当时的合作者的口述历史和影像。可惜的是，采访完不久，竟成绝响。

现在贾家庄，和贾科长一起干的，也是村里的一群年轻人。里面带头的是地地道道的村里人，他的父亲是村支书，他是现在的村支书，大学后已经扎根在乡村，带着村民一起行动。

与他相比，贾科长是外人，也是内人。内人是扎根的新乡贤，外人是回流的返村精英。双方通过积极地与外界资源对接合作来不

作者拍摄：作家马烽雕像

断搞搞新意思。

带货

前些年村里利用旧厂房改造了贾樟柯艺术中心。

艺术中心对面是同样用旧水泥厂改造的种子影院。这么多厂房，可见从前的贾家庄还是很有乡村工业的。工业技术迭代了，厂房的再利用就成为了一个需要选择用途方向，以及利用外部资源来点亮遗存的话题。

图源：王施霖提供 金伟琦摄影

设计师是从英国伦敦ＡＡ建筑学院回来的一位美女建筑师王施霖，她也是山西人，在北京工作。所以她对这个红砖和混凝土的工业遗存的设计，充满了ＡＡ的先锋苗头，也没有失去汾阳粗犷浑厚的地方气质。

设计师并不觉得自己参与的是一个乡村建设，她觉得自己完成的是一项有趣的建筑。在我眼里这是不折不扣的乡村更新。王施霖

图源：王施霖提供 金伟琦摄影

是通过贾科长的桥头引导走到了贾家庄工地的桥尾，这是一次人才的带货，是逆向的，是把北京、上海，甚至伦敦的人带到村庄。

电影院里来来往往的都是当地的老乡们。每年夏天，这里都会办86358电影短片周。有大量学生和导演来到这里交流甚至交易。

电影院旁边是村里的历史展览馆。三个建筑围成了一个露天广场。

在这个广场上，2019年办起了吕梁文学季。一时间群贤毕至，少长云集。由著名诗人欧阳江河作为文学总监，请来了莫言、格非、苏童、余华、叶兆言、李敬泽、邱华栋、西川、阿来、叶扬（排名完全无顺序）等，来讲座对谈，创作指导。

除了演讲沙龙，莫言会去县城的中学给大家讲诺奖之后的创作。西川会去学校给学生们讲如何读唐诗。叶兆言会去给同学们讲如何写作文。这些大作家都太会讲了，那一刻，我很想把自己的孩子也带来，亲耳听听这些大咖们是如何敞开心扉谈最简单的儿童教育的。

吕梁文学季的那段时间对我来说简直是场盛宴，白天听讲，晚上看电影，中午吃美食。料想对村民来说也是如此。来参加文学季的并非都是全国各地来的文学青年和文学爱好者。能看出至少半数，是当地和周边的百姓。他们亲眼见过了这些活生生的作家从书里边走出来，跟他们一起晒着大太阳，跟他们讲自己的创作。

作者拍摄：吕梁文学季讲座现场

我不知道他们能不能因此走上文学写作的道路，但是，从太阳下的脸上，能看出他们深深地感觉到自己的这村，原来竟然也是这么有韵味有趣，还挺了不起。从此以后，他们可能也更关心自己的这片土地究竟产生过什么样的文化，所谓文化自信大概就是这样开始重建了。

在电影院里还开了一个先锋新浪潮书店，后来听说这个书店里边卖出的数量居然出乎意料的高，日常买书的竟然也多数是汾阳吕梁的老乡们。

图源：片方

艺术中心和乡村影院以及书店，展览馆，是很小但很重要的一件事情。我们在以前，对于美国小镇文化脉络的研究中，曾经梳理过公共活动场所是事关巩固居民相互认同，建立（或者叫重建）人居内部凝聚力的重要、必要载体。在他们的语境中，电影院、图书馆、展览馆、教堂是一系列必有的公共文化场所。通过加强日常公共活动和交往，把乡愁从抽象无形化为有形。

文学季中间，贾樟柯着手拍摄一部纪录片《一个村庄的文学》。最后名字改为了《一直游到海水变蓝》，已经在柏林电影节展映，这次带货带得够远。

写下这行的时候，窗外狂风大作，迎春花起伏得像麦浪。疫情之下，戴口罩的人匆匆走过。今年的文学季只好推迟，我很想念它。

精英

贾科长回到乡村的一系列建设，在乡村研究领域有一个对应的词，叫作外部精英回流。虽然这么形容也略有宽泛不够准确的地方。

精英这个词，我本来是很不喜欢的。因为读研究生的时候，非要自讨苦吃去跟随社会学系不对外的大师主讲的社会分层课去读。结果学期末要求写精英理论的作业论文。得了一个中，不服，还去找助教老师要说法。被安慰了一番，说，精英本身就是比较难的一个题，你一个学设计的，能得个中就不错了，还要啥自行车啊。

从此以后，看到精英两字，就想起了自行车。

其实精英也并不是都像我有那么多误解的。帕累托是早期的精英理论三大家之一，他赞成精英是可流动的。认为，社会成员分为"民众"和"精英"，所谓的"精英"，就是社会中"最强有力、最生气勃勃和最精明能干的人"。

这是早期对精英我认为比较容易理解的定义。但实际上，他们其中设置了很多限制。直到现代，20世纪中后期最著名的马克斯·韦伯、熊彼特等几大家中，才把精英的领域放宽到其他众多的社会领域中。

对于乡村，国内早期的学者如费孝通、萧公权、张仲礼，有很多用"士绅"的研究来描述乡村"精英"行为。士绅百分之百是已经故去了的历史词汇，我也完全不觉得，现在重新向天召唤就能够复活。最近几年，频频见到用特别时髦的"新乡贤"三个字，内中内容有一部分是与回村精英参与的经济建设行为和文化影响力重叠，也有一部分功能是借助想象就要赋予经济精英对于组织管理方面的过多期指。

王汉生认为，农村精英分为三类，分别是党政精英、经济精英和社会精英，其中，党政精英由乡镇和村里的干部组成，经济精英包括农村企业的经营者、管理者，社会精英是除了党政精英和经济精英以外，由占有优势资源并具有较高威望的人构成。就这么俩字也要分开看待这么多道道？这是很有必要的。干啥的吆喝啥，身份一混淆，就容易啥也干不好。

贺雪峰先生提出了一个二分法，希望简明一点。叫作"治理精英"和"非治理精英"。但是容易混淆的地方也还在，就是"非治理"并不是不治理，而是不在其位但还要影响治理。不在其位要谋其政，这本身就有操作层面的矛盾性和复杂性。归根结底还是"士绅—乡贤"一路。

到了刘德忠，终于清楚描述了一次，农村经济精英就是在农村中先富起来，他们有着较好的群众基础，又富有较高的威望，他们可以带领农民走上致富的道路，他们的价值观也对村民产生影响。

在乡村振兴的过程中，很多外部的资源，是依靠走出去的本土精英在回乡的时候作为桥梁带回。村内治理无论是山杠爷还是村干部，都有自身的明确人群组织、机构或者体制来赋名赋权。而村外归来的，心无旁骛，专注产业、经济发展和村内民间文化振兴的行为，只好频繁去借用一个宽泛的不准确的名字，往往身份偏移，不慎入坑也不少。对于外在返回的积极参与产业和经济活动的精英来说，聚焦经济精英层面，是一个很有实际效应的引导。

类型	代表人物	特征
政治精英	①村干部 ②新乡贤	能影响村民政治生活，依法领导村民，依法管理农村事务，在农村中发挥决策功能
经济精英	①私营企业主 ②外出创业人员 ③种养殖大户	经济上取得成功，掌握着丰富的经济资源，能对农村经济发展产生影响
社会精英	①有威望的村民 ②对村庄发展有重要影响的外出工作者	在村庄事务和重大活动中充当组织者并且德高望重，具有一定的号召力

图源：全珍玲：《农村精英嵌入产业发展的路径与改进对策研究》

当然，经济和管理是无法剥离进行的。那么外来的回流精英用什么样的方式嵌入到乡村建设中来，才能既发挥作用又不复杂化和矛盾化呢？

外部精英回嵌也有不同种类，那首先要看与发起性质、体制内外和任务初衷的区分。我们多数要关注的是大量的完全非体制化的。是一个有限嵌入，不进入管理的嵌入，靠的是人情与合同，是市场化的回流。

人情

人情的回嵌方式，是一个非体制的外来精英进村的捷径。有人情的就用人情，没人情的就去寻找人情。这就是为什么大家都要回到差不多自己的家乡来做事的原因。

乡村的资源有限，呈现少量并且闭环状态。用零和博弈的角度来看一个封闭区域的内部竞争，那必然是伴随着激烈内耗的。而当有外在资源注入的时候，乡村内部应该是极大欢迎的。俗话说，外来的和尚会念经。掌握着外部资源哪怕是外部信息，在乡村的语境中都扮演了强有力的一面。事实上，也能够给乡村带来实惠上或者观念上的补益。

但外来的和尚是很难在心底被接纳的。

费孝通先生说吾土吾民是一个熟人社会。现在好多人都出去打工了，交流变网络社会了，熟人逐渐没那么熟了，但是陌生人法则仍然残存。

所谓外部精英，如果是纯粹的外来人口，那是有相当多困难需要面对的。如果没有准备长期扎根，那就需要通过实践和时间成功说服村民完全纳入，那时候也就是你用时间换来了人情我们赞成回流精英，你连自己家乡都不打算回乡建设呢，你说要去千里之外乡村建设，这无论如何有两个弯儿绕不过去啊。这情怀听起来特别不伟大，但是，管用。

所以返乡的精英首先不算彻底的陌生人，更容易跨过第一道峡谷。更容易嵌入到村内的生活和发展事业中来，而避免系统本身的冲撞和熵增。精英对于乡村经济的嵌入，为什么不是对于乡村体制和管理的嵌入。因为一旦嵌入体制，就成为内在部分，面临着用内在竞争的衡量方式来审慎竞争。所以用市场化的方式，与在地精英协同的方式，用人情进入第一关，用合同约定来巩固第二关，是一个内外兼修的好办法。

回流精英多数成功在村外，离开村庄多年，重回故里是一个从人情角度能够容易被接纳的方式。中国有讲究社会关系的传统，乡村更是用血缘、婚姻、亲属、邻里、故交等建立起来的差序格局。

找到自己的嵌入原点，与村内在地精英建立相互信任，作出相互惠利，逐步扩大吸引村民参与。这是最为简便的回嵌的顺序，这不是一个制度化的回归，而是一个建立在人际关系上和市场化理念上的回归。

回流精英不仅仅是将外部的先进生产方式带回到村里，一起带回的还有他们的管理观念、经营理念、朋友圈、信息获取渠道。他们外出多年的竞争意识状态、见多识广的价值观。可见，回流精英的优势大多仍然建立在外面的世界。

那么回流后，如何在时间分配上保持乡村内与外部的联系状态呢？

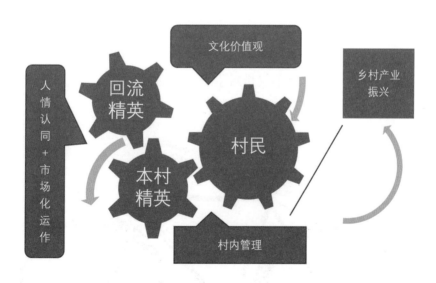

作者绘制精英回流关系图

飞鸽？永久？候鸟！

依稀记得一部老电影里有一句著名的台词："哦，原来你是飞鸽牌的啊"。这是本地村民对外来的精英的对话，内中可见充满了疑惑，不甘还有希冀。与飞鸽牌对应的永久牌，他们都是名震一时的著名品牌。

那个时候对于干部的进村，喜欢把他们简单分成短期工作就离开的还是能够长久驻扎的。分别用飞鸽牌和永久牌来代表。从前的时代，村庄主要靠内生动力提高生产力。永久牌代表了一种扎实可靠长期的工作态度，深受爱戴。今时不同往日，村庄的产业导入、经济提升、文化宣传很多时候倚重外部对接。飞鸽牌并无不妥，甚至更佳。一个依靠外部资源、外部信息、外部朋友圈成功了的外部精英，长期驻扎的要求不仅是对于个人生活的挑战，也是对于一个

80年代飞鸽牌自行车

外部资源衰减的挑战。

贾科长对于村庄来说，既是村内也是村外。对于建设来说，既是身在其外，也是身在其中。他所扮演和担当的是缘起，是由头，是介绍的桥梁也亲身参与。他引进项目，牵头宣传，拉人带货，村书记一起决策、执行工作。村庄不会因为半年科长不在，就停工停摆。科长也不会因为常来常往，就分担了村长的管理村庄的职责。村民们都买账，也都感情认同这个汾阳出来的"小子"如今回家办事。这是一个典型的回流精英与当地精英协同，有限嵌入。

这种有限嵌入保障了精力，可以多做几个项目。项目多了，就改变了飞鸽的状态，不是项目谈完挥手自兹去，萧萧班马鸣。而是更加常来常往。

如同候鸟，用到访频次代替了居住长度。既能回家建设，又能业务流动。

贾科长对于电影工作的勤奋使得他不可能长期居住乡村，但经常回来，甚至可以说是相当频繁，每次回去住些日子，返回城里或者干脆出国。个把月后，或者拍完新片又会出现在村口，有的时候，干脆会住上几周，这就是一种候鸟型的时间控制状态。

候鸟式的嵌入，同时也与村内在地精英的配合，来回往返，能更多地熟悉乡村情况，能持续加热进行项目进行。两地，候鸟都认家！

候鸟型的有限回嵌，发挥了回流精英的外部资源效率，也保障了其本身的继续增长，也不会对村内具体事务管理产生大量影响。和其他的飞鸽，永久也两无冲突，可以多元并存。候鸟型的精英能够经常返回，同样也是一部分取决于回流精英对本乡本土的感情因素，一部分取决于当地对于候鸟的互惠互利的项目缘分。这些都是可以用来作为树立目标进行主动建立的关系。

乡村的规划设计师们是最容易飞鸽的，因为这是职业特点。设计师如同游商，做完一个项目就需要收拾行装另寻生路去了。了解谈不上，人情易消散。不过，现在也出现了一些候鸟式的转型现象，有些设计师正在尝试长期跟踪一个村庄，并且还有要跟进运营。这样也会产生眷恋和工作需要的多次长期往返。

理论界以前有一个词意思不是特别好，叫作"精英捕获"，跟我们今天谈的没什么关联。但如果反过来用，乡村能够"捕获精英"，类似贾科长这样，本土出发，能够回流，有限嵌入，候鸟式往返。振兴机会大概就倍增了。

河西村的勾拳

——乡村更新融合思维

本篇介绍了在美国和英国的个别案例同时介绍了在山西河西村周围开展的几个乡村建设项目。分析了这些项目之间是如何互相建立视觉廊道，人流廊道，如何在功能上互补，互相支持。揭示了一种从功能上形成系统的观点。

以前我们谈到过更新是从一个微型的点入手，但是必须要有一个片区的整体概念。一个单独的建筑，如果审美成为了绝对主体的选择，讲好坏就变得很难。然而如果把一个更新视为一个片区的多个单体联动的系统，就能够看到什么样的方式是更加符合发展方向，更容易迎来人居和商业的成功，而不是从单纯美观与否去试错。

隔离

认知新事物，我们很容易穷尽类别细分，从而逐渐走向隔离。自觉不自觉地把乡村设计单列成一种独特的设计，把做乡村更新的设计师单列为了冠以"乡村设计师"，快成了一个隔离的行业。乡村建设似乎成为了一个必须另眼相看的建设，好似一个新生事物，专门有专家按独门秘籍从事。

从前的消除城乡二元对立壁垒的主张言犹在耳，真的都要动手开始改造更新，又往往主动遮挡住了自己的选题乃至选点视野。大量的乡村设计如同孤胆英雄，深入绝对地理边缘，为了山水环境的特殊性不惜越走越远，逐渐主动远离人群、全身回归山林方才罢休。更有一些主张，要求乡村产业彻底回归农业，甚至是要回归小农农业方式，连农业连片也不肯点头。反对非农产业进入乡村，反对城市生活模式进入乡村，认为这些通通是对于中国乡村的农业和生活乃至农民的伤害。

我们在《村分南北、财问东西》一文中谈到，在具体行动层面和战术选择上，是没有"中国农村"这个宏观概念能够应用的场景的，必须要因地制宜，区分南北东西不同方法。更何况，无论如何

热爱乡土农村，吾土吾民，都无法逆流时光回退到小国寡民鸡犬相
闻的旧日农业生产模式和生产关系中去。青山遮不住，毕竟东流去，
在乡村行动中执着村与城概念分别，设计上忽略附近市县因素，产
业上缺乏更新自信，脑中建立新的隔离，一是低效，错过发展窗口；
二是回退，实际上再怎么想要也做不到了。

各自所处的地理在地图上都是一个点。将这些点连起来的除了
物理空间里的道路还有人的大脑意向中的认知图谱。哪个点位是什
么形象，占据多大的重要性，印象清晰程度，都是抽象的。这个抽
象的意向却能够影响具象的人类交流行为。你想去的地方，你总会
有机会到达。对于乡村，产业和经济固然重要，但是归根结底总也
绕不过人们的脑中印象。

人气信心，产业经济。这两者不是一个直线，是一个曲线连接
起来的两端。人气这个端口，比较具体，比较简单，比较便宜，比
较重要。

即使是边缘区域，也能够尝试点点联合，与一个大经济体建立
互补互通。

边缘

在北京，环铁艺术区算是远，宋庄仍然还算村。但国王十字，
798，它们算边缘吗？在历史和地缘视角下，它们曾经是绝对的边
缘。国王十字现在人声鼎沸，位置和样貌都堪比北京三四环。但是
我们在前文曾介绍过，几十年前它还是萧瑟废土。

在核心—边陲类比经济体系的视角下，它们都是处于提供微薄

资源的弱者地位。为此，英国曾经在1996年编制《机遇增长区域和强化开发地区规划框架》中提出"中心城区边缘机遇区"，国王十字就是五个边缘区之一。

这几个当时的边缘区，地理空间不是完全边缘，但是经济位置处于没落。在得当的更新之后复兴了。

伦敦卫星地图

相反的例子也有，地理位置一直保持着绝对边缘，竟然也能够依靠合理的方法步骤，至今仍然身处江湖之远，但保持着人居和经济的双重热度地位。

在美国也有这样的区域，因为地理和人口基数的关系。目前，还仍然保留着边缘的状态，只是它并不穷，不仅是村子不穷，里面的独立艺术家也不穷。

简直，还算比较富。

这个例子就很有趣了。它富有，但仍然保持着乡村的物理环境。

波士顿向北车程一个多小时的地方有一个镇，叫作"Marble Head"。对，直接翻译就是花岗岩脑袋。花岗岩脑袋镇一个小时车程外是另一个镇，叫作"Gloucester"。这个镇临海，风景秀丽，拍过电影，以前是美国重要的军港，现在是美国重要的渔港。在他的西南角半小时是一个村，地名叫作"Rocky Neck"。翻译过来是石头脖子。

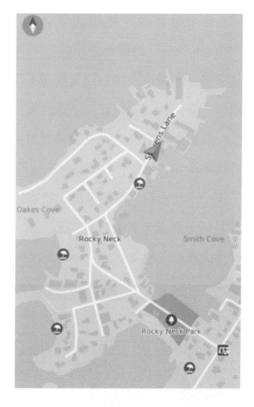

Rocky Neck镇卫星图

那里的艺术家们聚集在一起，有一所房子，面朝大海，春暖花开。房子如果凑巧是开间大，高度高，就可以画大画，搞雕塑，弄乐队，编舞蹈。如不够大，就去室外，村头空地很多。如今此处的艺术家有不少都是签约画家，过着996的辛勤但是富有的创作生活。我曾经想买一幅画而不能，因为画都是属于签约公司的。经过很多年的演进，这里并没有形成一个某大型房开企业集中成片开发的文创片区，也并没有依托着村中艺术家聚落，开发周边区域形成一个新的楼宇园区（开发也并没错）。其利用和改造了大部分从前的港口用房，路网和密度不变，与其他的村民民居一起基本保持了村庄形态的样子。

这与伦敦当年城市边缘区的艺术家村落"Camedon"和"Kingscross"的更新道路截然不同，向我们展示了一个不再是从属于核心大城市直接建设发展覆盖下的纯粹地理边缘，是如何从自组织一直保持着自组织，还能独善其身的例子。

事实上，它也并没有独善其身。这个小小的石头脖子村，与它身边的港口，附近的"Gloucester"镇、花岗岩脑袋镇，一起构成了集一个波士顿北部集渔港、帆船运动、旅游、艺术为一体的县郡，并且还是鼎鼎大名的科技走廊128公路的起点重镇，保持着人居与产业的双重发展高度。

作者摄影：波士顿某村内艺术家

起初能够对应着乡建微循环理念下治理出来的建筑空间，相对仍然是点状或几个点状聚集连线形态，相对集中开发来说一定是面积较小的体量。

这种小体量的工作场所带来能够更好地与生活场所相融合的好

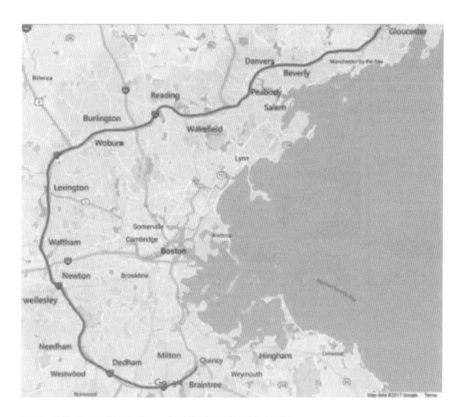

图源：北美米乐居《波士顿有一条"美国的科技高速公路"》

处。能够被这些点状改造吸引的外部资源，最先感兴趣的大多数是来乡尝试的文艺创作者，我们以前说的野生艺术家们，这些每次都能自发地冲锋在一个欠发达地区的热点铸造先锋。

　　另一批容易下乡的是网络技术下的新业态，互联网电商。互联网+作为一个媒体的热宠，作为一个新的主流技术，是难以回避的，不仅仅不应回避，更应该努力去迎合。我使用了"迎合"这个词，是因为曾经和一位德高望重的资深媒体人聊起来年轻人流行的一个手机小视频平台。我谈到我们实际上并不熟悉乡村的年轻人的生活状态和思想状态了，他们需要什么，热捧什么，和在城市中研究

手机销售网络平台信息

城市的中年人相去甚远了。这些海量的短视频能够让我们重新开始了解他们，甚至借助他们的传播的力量。而我得到的答复是，那也不能一味迎合啊。这个词像空中一直盘旋的一片羽毛，转来转去，盘旋之后，我还是觉得应该努力去拥抱这个新的技术下生长出来的传播性极强的平台，哪怕就是"迎合"。

在几次对乡村里的网络销售者的访问之后，我发现，我们迎合不迎合都毫不重要，乡村的小生意已经完成迎合了。

野生艺术家和网络电商们需要的建筑是什么样的呢？

便宜，高大，有性格。

旧日工业不再适应新兴的工商业结构而急速衰落，曾经的繁荣居住区也逐渐成为人马稀疏，居民搬出，房屋空置。从前的城市工业区开始用创意产业来调整经济生活。无非是因为创意产业便宜、快捷，还能把知识这个无形的东西有形化，提高其价值。

创意产业艺术家、设计师和"互联网＋"下的新公司是一种知识和动手结合，格调形式和传播性并重的人群。二者的发展都需要不仅仅是一个传统民居类型的内部空间。就像从前的798这样的厂区成为当年艺术家们聚集的首选，就是便宜、高大、有性格，这三点的交织。他们选择乡村的时候，还是需要这样的空间，能够展开大画、雕塑，成组讨论、网络转播、小型展示、呼朋唤友。有性格，实际上是追求"different"，差异化生存，是用最简单和低廉的展示方式追随消费文化的传播需求。

工作于此生活于此，门外有山川，室内够翻腾，这是完全不同于城市内的资源，完全不同于城市内的生活场景。这是乡村能够对于城市的一个差异化补足。这是为什么可能引人落足的地方。正如理查德·弗罗里达在《创意新贵》中说的"从事创意产业的人员不止喜爱在工作的环境聚集，而且创意的集中地或适宜生活的场所都是他们的钟爱之地"，创意人及创意产业本身都需要无拘无束的空间。

我们在《国王新生——一个边陲的更新》中回顾伦敦的国王十字，"Cameden"，还有"Hockney Wick"都能够看得出来独立艺术家是多么相似地去选择了乡村和乡村厂房。

便宜，高大，有性格。这三大要素是基本特征。其实只有前两个要素是天赋异禀的，只要便宜和高大了，艺术家们都能给设计和建造出性格。

在国内也有差不多同样的例子。很多年前的圆明园画家村、798的起初年代、环铁艺术区、宋庄艺术区，这样的案例算是不约而同，算是独立艺术的发展规律，是看不见的手，算是边缘地区更新的道路使然。

勾拳

城乡概念的隔离是头脑中主动建立的，需要在头脑中主动融合。

融合也是一个很抽象的概念。很多县村，产业本身就薄弱，无力顾及其他，怎么融合，融合什么。首先融合分区的地域功能互补吧，融合人流互通可能吧，把遥远的心理印象融合为日常可及、欲及的认知一体吧，让村和县别总觉得对方是外人吧。

作者摄影：沁源河西村村头改造

2018年在山西沁源的现场踏勘中，脑中设立了一个县城与多个村落一起更新的系统思路。去到了很多个村庄，希望按照它们不同的资源禀赋和特点去走不同的建设道路。其中县城东北大约5公里外的河西村是一个尤为有趣的地方。

河西村是一个村庄显示了过去40年的肌理清晰，而建筑风貌基本保持在2000年左右。村内也有个别院落可以上溯到民国的名人故居。这是一个比较典型的北方县城边缘的村落。

图源：苏圣亮摄影

更为有趣的是河西村的左邻右舍。在河西村北侧是一个20世纪70年代建设，2000年左右废弃的化肥厂遗址，荒草丛生，我到达的时候，大门有铁锁，旧厂房和机器沉默如同上古巨兽蹲伏。这是一个典型的村庄周边老旧工业企业的状态。

河西村南侧是一个占地不小、体量不小的文化中心。白色的方盒子纯粹现代主义建筑，用来作档案馆、文化馆还有电影院。建成了几年来，一直并没有投入使用，不是房子不好，而是位置相对县城常住人口较"远"。远近是一个很难理性定义的事情，5公里，在我们眼里，也就一脚油的事，或者在我们周围热衷跑步，每天十公里的朋友们心里，是一抬脚的事情。但是在其他人的心里，这里并不是一个有什么期待的片区，是没有头脑意向的地方，这就显得很远，显得更荒。其实它的交通是方便的，在这个文化新区与河西村之间就新建了宽阔的马路，唯一问题就是没人，也没活动。这是一个典型的十几年前那种无论身处何地，不管是大城还是小县，都要拉开框架，弄上他几个田字格形的新城新区几馆一中心。

作者摄影：沁源化肥厂改造中

中心向南几乎就是县城的心理边界——两条大河。河道交汇呈Y字形，形成一处遥望县城的三角绿地。在山西这个北方黄土高原省份内，能够有临河滨水的绿地，假如能够成为人们的活动场所，那将是非常不典型的一个生态公园。

作者摄影：沁源三馆一中心街景

　　这个村、厂、馆和公园，基本上联成能够反映过去数个历史时期的不同规划建设思想的片区。更重要的是，在县城边缘的村庄中，这几项要素都能够指向一个与传统县城交流大型文化娱乐活动项目及内容和人员流动的方向。通过调动片区的系统活力建立起一个活跃的老厂改造，文化馆电影院，咖啡休闲滨水公园，是有可能同时将基本没有强大自然人文禀赋的河西村带动起来，形成一个吸引年轻人的乐活区域，从而为河西村带来新元素和发展非农经济产业的信心。

　　对河西村的片区认识是眼望着大县城区域的，但入手点仍然需要冷静地选择一个微小的点，用一个尽可能简洁便宜的动作。如果能连微循环都不用，不产生对于村内的居民的土地、房屋、产权、的干扰，那就是一个理想的更新。

　　对于化肥厂的环境改造就是这样的一个选择。化肥厂的更新能够给河西村提供一个颇具艺术气息的活动场，这也能够成为县城或

作者摄影：沁源街景

作者作河西村规划分析图

者外部文创旅游的一个经营选择。以后的事实也确实印证了这一点。

这样的一次规划设计将是一个投石问路的产业引入准备过程，而不是一个产业引入过程。

对于河西村的更新，首先是对内建立信心，对外建立头脑意向。这个设计建设工作看起来是打了一个勾拳，绕着弯打出去的一招。下一次，我们要详细说说这一招的过程。

图源：苏圣亮摄影

　　这一招，只一拳，但是必须串起来厂区、村子、文化馆、绿地公园、县城。

　　一起打中……

土地养老，养谁的老

——乡村集体用地养老地产困局

本篇介绍了集体建设用地上市流转的几项主要学界观点，以及乡村与集体用地的利益关联。介绍了养老地产的主要概念和美国养老地产主要品牌项目的目前情况，以及本人去美国实际考察养老地产的所见。从而继续分析了国内养老地产的表现和突出问题。总结倾向于，集体建设用地最重要的用途还是通过引入、发展产业来进行养老，而不是依靠地产。

养老的问题不是新问题。

2019年1月21日，国家统计局发布最新的人口数据：我国最新的老年人口数据为2018年末，60周岁及以上人口24949万人，占总人口的17.9%，对比2017年末，我国60周岁及以上人口24090万人，占总人口的17.3%。2018年相比2017年增长了859万，增长了0.6%。其中65周岁及以上人口16658万人，占总人口的11.9%。据预计，截至 2020 年，以 60 岁为界限，我国的老龄化人口约高达2.55 亿，整体占比约为 17.8%，这项数据意味着我国即将迈入深度老龄化社会。[1]

主要的基调是，社区养老、居家自养、国家补贴及保险、公益院所，还有就是社会力量。

前几项都可以不看作狭义的市场化行为。虽然，市场化在这里其实是一个宏观概念，任何一个政府行为都是沉浸在市场化之中无法回避的。越是严峻的问题，越是负担沉重，所以，如何发动社会资本进入养老成为了大家都觉得的必选答案。

一旦大家都选资本，资本立刻就会跟进发展出来一系列的概念。众多养老社区逐渐减少了社区的保险注入和服务理念，悄悄代入为商业住宅的地产社区概念。地产不是罪过，看在哪里发生。地产的奥秘是"location location location"，不仅仅是地段要兴旺，还要地价有差价。土地差价大概率能够提前预判一个地产项目的成败，肥瘦另论。估算项目出现前后，以及邻近地段不同属性土地，哪里的土地差价最大呢？前些年是新区和工业用地，那时候，养老产业也

---

① 刘文慧：《集体土地参与田园养老地产开发模式研究》，《中国矿业大学》2019 年 8 月 27 日。

还没有顾得上转型成为养老地产，农村的集体建设土地也还在一个保护罩里没有打开。

农村，能作为资源的也就是地了。

老吾老，以及人之老。对比城市老人，我国绝大多数老年人集中于农村地区，所以农村地区的养老问题备受关注。养老是有老无类的，不论是哪里的老都应该养。不过现实情况中，农村的养老问题往往更为突出。从前的农业社会基本保障了吃粮不饿的问题，随着社会逐渐工业化，物品的货币化成为了主流，意思是除了吃粮食，其他的都靠钱来买。吃饱距离续命还差了很多个消费环节，这是越来越无法回避的问题。最简单的，看个医生，现在是不能用小米来作为酬劳了。

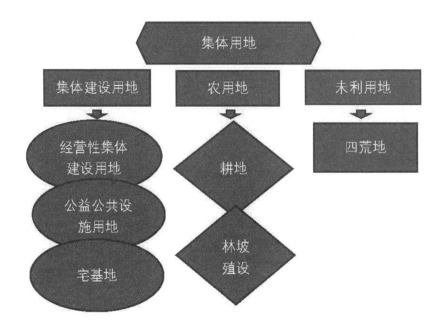

作者自绘集体用地关系图

除了产粮食的耕地只能用来种粮食，还能用来做产业换钱的，就是经营性集体建设用地了。从前经营性集体建设用地经营权和使用权合体，社会企业进入集体用地基本只能用合股公司方式，剥离出经营权作为集体土地股本，作为企业方的保障可以在经营中商定特殊情况退股不退地。这种有限剥离一部分地权，留下了很多村民利益最后的撒手锏，但也留下了对于企业做产业漫长周期中最大的不确定因素。产业的微笑曲线有其自身发展规律，能不能笑到最后，既是市场的考验，也是契约的考验。

农村集体建设用地终于上市流转了。

集体建设用地的上市前后，有过几番轮流的大讨论，赞成和反对的两方都有各自理论支持。细谈起来，能说一夜。上市之前，也用各种不同方式做过试点。多数的担心是来自判断农民利益根源于集体用地，一旦一次性流转出去，再无主宰其回归的话语权。即使土地增值，价值实现，也与农民无关了。不担心的一面其实出发点也没多么乐观，心底建立的论据在于，目前的引流激活除了集体用地和城市资源反哺，一时间并无更好的选择，时不我待，等候不是出路，约束好土地出让的法理，似是可行的突围办法。

二者隐含了一个共同的前提，目前闲置的农民劳动力是要进入非农产业的，是要劳动力直接货币化的趋势。不论离不离乡，离土是必然的。离土已经是绝大多数农民的现状，只要看看农村还在耕种的农人的年龄段，就可得知。老年农民的精耕细作如同农业艺术，保障了一部分单位亩产。另一部分种粮大户，利用机器开始农业企业化运作，保障了一部分规模效应。计算一下，大户单位应在100

亩为单元，中国的耕地也就能提供2000万个农业单元，大约2亿农民以内。

还剩下多少个亿的农民要离开农耕。这是一个加减题了。

离土的选择是用脚选择的，也是用对比农业收入和工业收入的得失来选择的。青壮年时期的货币收入结合老年之后的土地收入（农地粮食收入和集体建设用地分红收入）能够二者兼得，是农民养老的根本优势，也是唯一的优势了。在城乡二元结构了很多年之后，打开土地的口子之时，容易冲击掉的是二元结构时代尚能保留的各自的最基本的稳定支撑——集体土地不城市资源化。

既然是要引流城市资源反哺，怎么能不城市资源化呢？选择能够最大化集体用地价值留在农村的产业，而不是相反。

首先，产业融合发展是养老产业中完全无关联的一环。养老产业就是养老，并无关其他的产业迅速跟进，如果我们把城市产业生态中的生产性服务业当作环绕养老产业的其他融合性产业的话，我们很快在实践中就会发现。最大的融合性产业就剩下地产开发了。

养老地产

养老，曾经一会儿被表达作养老产业，一会儿被表达作养老地产。四个字里有三个字一样，但是实际内容却差之千里。这种表达上的微小字面差异恰恰是土地的可利用准入导向与可利用的盈利实操方式的差别。

分类标准	养老用地性质	适用	描述
划拨土地	福利性公益性医疗、公服用地	公营非营利养老机构公建民营非营利性养老机构民建民营非营利性养老机构	以政府为主要推动力量完成或民间资本举办的公益性质养老机构
集体建设用地	公共设施和公益事业用地		
	——	准市场化养老地产项目	土地租赁，产品全部持有并出租
协议出让土地	准市场行为多种土地	营利性养老机构或地产项目	土地价格相对低廉，绝大多数无完整物业产权；收取会费、销售长期租赁权等形式
招拍挂出让土地	完全市场行为住宅、商服、综合用地	营利性养老机构或地产项目	由地产公司、保险公司等民间资本为主导开发的以盈利为目的的养老产品，多以产权出售为主

图源：刘文慧：《集体土地参与田园养老地产开发模式研究》，《中国矿业大学》2019年8月27日

可利用导向首先是对于土地供应政策的把握。但无论哪条政策中，目前国内尚未确定清晰的养老用地概念，也并没有见到养老地产的概念。在《国务院关于加快发展养老服务业的若干意见》（国发〔2013〕35号）和《养老服务设施用地指导意见（2014年）》中，均未对"养老地产"用地予以介绍，但是却对"养老服务设施用地"进行了详细的规定："营利性养老服务设施用地，应当以租赁、出让等有偿方式供应，原则上以租赁方式为主。土地出让（租赁）计划公布后，同一宗养老服务设施用地有两个或者两个以上意向用地者的，应当以招标、拍卖或者挂牌方式供地。"养老服务设施在有些理解中是养老医疗，护理机构，养老院，公共活动中心，在有些理解中，迅速与乡间的别墅洋房合体。养老产业和养老地产就成为

随时可以互换的狭义与广义区别，没人深究差异。

广义角度讲，养老地产既包括由政府组织开发和经营管理的社会福利型老年机构，如养老院、托老所等；由政府相关部门联合组织开发和经营，以出租形式收取一定费用的老年公寓；以及有企业投资的营利型老年社区等。后者包括：与社区共同建设的综合型养老社区、新建型社区养老组团、普通社区配建老年服务设施；与相关设施并设的养老设施或公寓；与旅游、休闲、医养或商业地产结合的养老居住产品。虽然理论列举了数种社区，然而，实践基本就是一路：商业地产。孙秀娟从产品的角度给出了定义，养老地产由房地产开发企业或相关的社会机构推出的适宜老年人居住、满足老年人社会活动需求，为老年人的健康提供设施保障的老年住宅产品。

这一点从前期的各个企业的研究模板案例中，就已经能够看到最终的产出。国内的养老地产热衷于追随引述国外的几个著名案例。比如美国著名的太阳城养老社区、群村社区。

美国有两种主要的养老社区建设模式，一种称为"活跃退休社区"（AARC: Active Adult Retirement Community），另一种称为"持续照料退休社区"（CCRC: Continue Care Retirement Community）。前者一般都被认为是CCRA，后者被认为是AARC。实际上在起初都没有太多差别。

20世纪50年代，美国西南部的亚利桑那州有一片半沙漠的棉田。地产建筑商德尔·韦布路过此地，觉得这里气候炎热干燥，土地又非常便宜，因此在这里修建住宅，供美国寒带一些农民在冬季农闲时到这里度假，结果来此度假的基本是老年人。20世纪60年

作者拍摄美国养老社区街景

代之前，他在这里建了些仅供55岁以上退休老人居住的样品房，同时修建了疗养、医疗、商业中心及高尔夫球场等老人娱乐配套设施。后来分别建了二期三期，叫作suncity west和suncity grand。

Suncity 模式主要针对健康活跃老人，硬件配套设施完善，但

作者拍摄美国养老社区街景

作为"微型城市"总体投入高、本质仍为住宅开发。[1]

以上两个都是大盘，利用了美国辽阔的闲置郊区国土。不过它们不存在集体用地这一属性，一早就纳入了一个无差别的土地定价系统。也并未承担过城乡二元结构之下的对农村的经济保障性稳定器作用。它们的共同之处有一个特点，就是不论是一次性入住费用还是会员制费用，都只面对55岁以上的老人出售。

在美国除了这几个名牌养老社区，有无数的住宅型郊区养老盘。例如中北部湖区著名的风景区麦诺基附近，在景区边缘，没那么贵的地段，建立养老社区。以独栋为主，多数是类似于售卖别墅＋医疗护理机构。

其中以赢利为目的的企业运营模式主要可分为——出售、租售

① JENNIFER B. Practical Applications of A Global Perspective on Pension Fund Investments in Real Estate A Global Perspective on Pension Fund Investments in Real Estate Aleksandar Andonov, Nils Kok, and Piet Eichholtz.

结合、租赁和会员制四种基本的运营模式。

美国的社会保险和土地制度，美国农村农民情况与国内农村都差异相当之大。在城乡二元如何次第掩护、轮番前进的发展社会历程也已经不是一个可以简单类比的阶段。对于科技产业和城市建设，可以学习的地方很多。然而，养老的方式是直接和每一个保障因素的内核牵连在一起的，唯独它是不能简单拿来就用的。但是，好学的国内资本在面对集体用地这个美国没有的项目论证之时，还是基本照抄了太阳城以及群村等案例，建立了美式的逻辑完整的论证。首先是老龄化严重，需要建立养老项目。在此刻养老项目仍然是一个笼统的称呼。可以理解为养老事业或者养老地产。之后是，养老产业盈利模式仍然不清，城市招拍挂土地拿地成本较高，一句话，算不来账。于是目标了转向农村用地。

城市老人已经逐渐转化养老观念，异地养老可接受与乡村生态环境较好成为可行性保障。有学者提出集体土地由于其具有成本低、供应量大的特点，未来也许可以成为养老产业发展用地的重要突破口适度经济补偿，兼顾政府、村集体、入股村民等多方利益进行土地使用权的租金定价和股权量化，使政府、市场及农民间直接的合约关系获得间接化处理，原模式多次缔约关系变为四方主体间的一次性缔约，从而使开发养老项目中土地增值收益分配的公开、公平、公正成为可能。

这段论证其中每句话都对，每句话都是站在社会化资本进入成立与否的角度来论证。每句话都是站在城市如何通常使用农村土地的效率优化角度来论证。在产业融合发展和解决养老问题的这个环节上，首先不考虑解决本地养老，对于乡村显得并不公平。这么理直气壮的研究结论，很可能代表着大多数对城市和乡村联动的看法。相当于盘点一下，看看还有什么可以利用的能够纳入城市缺少的欲望清单里来变现一下。城市里缺少的，就是资本可以与乡村购买的吗？乡村的土地还是需要继续拿来作为城市发展的资源使用，那么这种资源，城市打算用什么公平对等的去交换呢？用出让的集体土地转让金吗？这种作为城市资源的考量而兴高采烈的如同拂尘见宝的心态就是发现近邻的土地居然是天差地别的低价，所谓价值洼地，都是城市开发地产思维里的产值计算训练结果。所以打算纳入城市资源土地开发思路下的地价交换从道统上来说，就是天然地难以公平交换价格的。

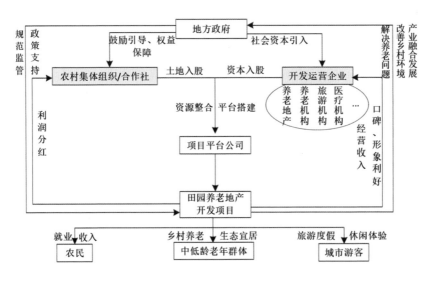

图源：刘文慧：《集体土地参与田园养老地产开发模式研究》，《中国矿业大学》2019年8月27日

　　这是一个养老房地产开发的完美流程图。图中的乡村养老目标指向的恰恰不是乡村老人，而是城市游客与城市老人。那么这个"bug"就呈现为一个简单问题：我们的农村用集体建设用地召唤来

了外部的资金来进行一个商业养老大盘，这个大盘是能够解决当地村民的养老的吗？

重资产

如果是自由选择，那么重资产开发一定不会去做那个选择本地村民的养老，原因很简单，钱。

过去的几年有很多我的可敬的学长已经投身到了城市的居家养老事业中去，在他们把城市养老做了多年的产业之后，大多跟我讲，养老不可能是地产，养老就是事业。离家养老阻力很大，一部分来自所谓文化的接受度，更大一部分其实来自一个字的接受度"钱"。

在美国，由于CCRC是提供服务的"连续体"，一般要求客户一次性支付"入场费"（入场费＝返还部分＋非返还部分），费用从2万~70万美元不等，返还比例与入门费和月费的定价有关，返还比例通常为50%~90%，非返还部分一般为行政、服务费。除了"入场费"，CCRC还要收取月费或年费，通常是由服务费、餐费、基本水电等组成，且根据选择方案类型有所差别。[①]

在日本，有些高端养老机构入住金标准为1亿日元或5000万日元以上；中端的则在5000万日元左右；低端住家则在1000万日元以下（5000万日元约等于320万元人民币）。

在国内比较著名的几个养老地产，有的是150万元左右会员卡（承诺返还），有的是直接定义为大型田园综合体和养老庄园，使用了包括国有土地、集体用地和一部分农地，卖价从190万元到450

---

① 美国太阳城：新型养老社区典范。

万元不等。这个卖价根源是否都是国有土地正常销售还是借用长租方式售卖集体用地之上的物权房屋，往往又语焉不详。

此处有一个容易忽略的悖论，养老是一个全民问题，养老设施是公共物品，理论上是都可以共享，不排他的。而对于农村的养老楼盘，起初使用的集体用地是借用了建立公共物品的社会定价系统的优惠券，对于有营建成本的养老楼盘重资产建设而言，建成后用市场化定价制定进入养老社区的门票，变成竞争准入混合物品。这个流程隐含了一个巨大不合理。

在此点上产生了一个最重要的分野，也就是按照公共物品理论，具有各种成本以至于完全共享的公共服务设立门槛，成为竞争性物品。但并没有默认应该是以市场盈利最大化为准入门槛，使得竞争人群不再是公共，而是一小部分具备支付能力的人群。

养老楼盘的取向面对城市冗余投资的时候，就将尝试最大化抬高价格。实际上，门票机制基本上完全覆盖了准入，按开发定价购买或者长租或者入会的价格基本完全不在农村老人考虑范围之内。混合物品在实操中逐渐演变为了半混合半私有物品。半混合也仅仅是指竞争机制存在于一部分有支付能力的城市老人之中，面对农村老人，基本就没有混合物品的性质，纯粹变成区隔的私有物品了。农村的老本来就难养，现在用了宝贵的农村土地，变成了城市的又一次转移养老。

内涵就是用社会保障价格取得资源，再用最大盈利价格销售资源。变竞争性公共物品为私有物品。这个例子其实是一个贸易，我们在几十年前，最耳熟的钢材、盘条，甚至鸡蛋、食油，都出现过这样的贸易。

所以入城打工农民所需要解决的不仅仅是个人短期时间段内家庭置业实现和生活场景实现，还担负着家庭财产提前转移的重任（彩礼实现），还担负着个人最终阶段长期养老的门票积累。这一点将在打工生涯开展20多岁到60岁不能继续在城内继续打工，35—40年之后得到兑现。借用一个不讨人喜欢的词语叫作——刚性兑付。到时候，如同底牌，不亮不行了。35—40年，恰好是城市化大举开始的时间里程，也就是说，马上就到了大批的进城农民面临返乡的时间表了。

当返乡后发现，养老机制的门票涨价了。那就不是一些经济学家对于进城农民双重身份是否会获得城乡双重红利的疑问，而是，练拳不练功，到老一场空的疑问了。农民的钱是不多的，无非就是有块地，有间房，能够维生。即使有了一点货币补偿，也是玩不过城里套路，职业训练和教育程度普遍的缺乏，对于市场经济法则的技巧的普遍的缺乏，都使得在手货币也很容易贬值。

对于集体用地的重资产开发养老题目建设趋向，还使用单纯资本化衡量，而不是纳入了公共服务和公共物品意识的市场化，忽略了所谓低洼地价是原有系统之保障角色而非竞争角色。地方和基层政府加强对社会化养老机构的监管和服务社会保障的机制作用成为了有底的船，但是船还不大。如果社会保障未能形成大船之前，乡村的土地变现造成的开发红利未能有效进入保障系统，那就是门票的单独抬高，面对的，一开始就肯定将不是返村农民。

剩下的美好的畅想是，一个建在乡村的设计美妙的农庄能够给乡村带来了并无攻击性的老人和城市游客。很多文案中谈到乡村养老地产都说带来了城市老年人口常住乡间，甚至还有他们探亲访友的人流。而且是相对有技术、有资金、有文化、有见识的四有新人。这无疑是一件好事。他们一旦克服了当地与外来之间的文化差异和生活习惯的冲突，就会很容易有利无弊地生活在乡村，完成了对于老龄社会的养老压力。蛋糕是很美丽的，能不能实现呢？目前国内的老人由于文化观念尚未快速转变，愿意大量迁入乡村或者养老院的老人仍然属于少数。那么美轮美奂的叫作××养老农庄牌匾之下入住的，到底是不是城市冗余资金，有闲钱想要继续投资或者扩展生活享受场景的中年投资客。投资客没什么错。只是问题创造了出来。

缓解养老压力，究竟是指向缓解了谁的养老压力。老吾老以及城市之老，固然好。但是目前在农村的养老问题绝对不会比有条件从城市移入乡村的老人轻松，有可能是更严峻更紧迫的。他们可能没有什么移动的养老方式可以选择，就是一条，在地养老，依靠土地产出养老，不论土地中产出的是稻谷小米，还是产业红利。

地产开发并不能给乡村带来持续增长和红利，一次性的销售或者改头换面的长租迅速带来增量而非存量增长。

在城市里，目前的养老生意基本也是不靠服务靠地产的。靠地产也是本事，前提是在城里。在村里，靠地产的是胆识，谁有胆谁赚钱，赚钱是赚不来的，赚了的无非是土地差价。

人地钱，流出了这么多年了，地可以建设了，要值点钱了，还是个羊羔子，就又流出了一次。

这就是目前乡村养老地产的基本逻辑。可以看出，即使是流转通过招拍挂流程，看上去公平公正，也仍然是地产核心价值判断为王，缩减土地成本。换句话说，就是尽量别把土地价值留在村集体里。同地同权同价同责，是一个理想的法理，在这条法理之下，农村用地是安全幸福的，可以自由自在去迎接追求自己的爱慕者的幸福的。

但是，理想和现实的关系，永远是，丰满和骨感的关系。在现实世界中，来自城市，带着资本，带着一个强势区域溢出的投资需求面前，强势地区溢出的资本面前，乡村对谈系统是脆弱的，是很难坚持到权益对等的。

养老的地产开发逻辑是没有错误的，集体土地需要合理价值兑现也是没有错的，那问题就简单了，就是这二位是不应该相遇的。

轻资产

那么是不是可以把重资产开发与轻资产运营剥离开，让轻资产赚钱，提供就业机会，产生民间收入，那么，轻资产运营与城市科技园可以并无二致啊。

在城市中的轻资产大多数是强流环绕中的弱流，一旦改善，就会与强流区域融合看齐，价值增高从而持久。而乡村是一个弱流环绕下的弱流，能否改善为时过早，何况改善之后能否持久，何况改善的道路上如有风水浪打，能否指望没有资金投入，没有本地亲情的运营者留下共渡难关？这要求愿景并非是对于良知的拷问，而是不得不做的基于理性的预判。不能忽略，作为人，在产业生态中是复杂的，不仅仅扮演了产业要素的角色，这个产业要素是天生具有智能和学习能力的，比2001银河漫游中突变的驾驶程序变异要危险得多。

民营养老机构的支出主要包括两部分，前期房屋建设及后期的运营服务费用。前期牵扯到地产公司遇到的各种问题，包括找地、租金、装修，而后期则又是服务性质为主，如何运营是个极大的挑战。因此养老机构自身实际上是地产+服务的结合体，但是这两个行业的准入门槛都极高，能做好两者的少之又少。

2015年1月，民政部发布的数据显示，一半以上的民办养老机构收支只能持平，40%的民办养老机构长年处于亏损状态，能盈利的不足9%。多位业内人士透露，由于出售会员卡的模式能够迅速回笼资金，提高资金的周转效率，因此包括一些国企背景的品牌在内，许多大型养老机构都将其作为主要推广模式，即一次性缴纳高额会员卡费用，其后每月缴纳较低的房费及其他费用。然而，由于社会上频频出现以出售会员卡骗取老人钱财的非法集资案例，这一模式对于获客能力不强、品牌效应不高的养老企业而言难以走通。对于前期投入巨大的养老企业而言，除了会员卡模式以外，很难再找到快速回笼资金的方法，那么会员卡多少钱？以目前用会员卡模式的主要养老机构为例，其一次收取的会员价格为150万元，每月依旧收取约6000元的租金，而类似定位的普通养老机构每月租金约1万元，以此计算，不使用会员制的养老机构需要超过30年的时间才能实现同样的收入。①

就是说，乡村运营养老轻资产服务，不卖会员卡就不是一个那么容易有余力让乡村如愿得到分红的产业。

我们必须要深入到投资方运营方的讨论最深处，做到设计者和决策者互相极为熟悉，才会体会到投资开发者和运营者的真实想法是什么？诗经说：既见君子，云胡不喜。我觉得：既见地产，云胡不忧。在过去长期的产业园区设计的工作研究过程中，是非常接纳

---

① 经济观察报：《13万亿的中国养老市场，没有一个行之有效的盈利模式？》。

地产开发的。这些年优秀的产业园区服务商已经逐渐大浪淘沙，产生出了一批依靠轻资产商，单纯靠服务，靠技术，考运营，就能持平，甚至盈利。这是多么可喜的一个逻辑成立例证。然而产业园的运营与乡村养老运营尚不能相互等同，引申论证。

产业运营商的站着把钱挣了的时代来临之前，有多少倒下去了。倒下了就倒下了，没有带来土地持有者的不可逆的尴尬。集体建设用地之中，土地的使用权入的股，可就尴尬了。如果是面对农村老人的养老问题，那么这个运用了本地农村集体建设用地的养老企业，能够用低成本低利润来形成商业模式的闭环吗？我们可以用伦理来要求和衡量一个自己同意过的商业模式吗？如果用伦理来指导商业，那么商业能够成功吗？如果有农村土地入股了的商业失败了，那么谁也不是赢家？

一连串的那么，一连串的反问，使得看起来是一个充满美好风光的框架图，其中却隐藏着两个令人不安和无奈的"bug"成为了不能双赢的短路。

还能乐观吗？

这恰恰就是城市和乡村的重要差别，人口构成和这些人口的生存能力抗击打能力，这些人口的可用资源多寡定性。

车库

那么集体用地自己能做点什么，养自己的老呢？

在华中某镇的养老中，都出现过集体建设用地和集体用房改建养老的方式。这个现象在研究过程中是充满奇趣的意味的。

车库咖啡是一个创业公司界的驰名现象。在前些年热到烫手的双创和创业大街上，车库开咖啡店也是当仁不让的流量明星。它的起源是美国的自宅体系和产业孵化体系的交集点——真的车库，无非就是有点大空间能办公而已。

大空间，真是一个走遍天涯海角都是王的类型啊。

美国的很多号称独角兽的科技企业，号称是起源于家里的车库办公的。这代表了对冗余的建筑物的使用性质的改变。如果说美国的车库改为初创公司的自发行为是多功能的错用，那么村集体改造的车库养老是一次标准的更新改造。

这次的养老公寓，建立在村集体用地上，把车库划分为了20~30平方米的单间，价格是2万~3万。也就是说是每平方米1000，这基本上是建筑的成本价。这在村里成为了抢手货。如果到得晚，就买不到了。

某村车库街景

但是养老不仅仅是一个容身之所，还包含着很多的服务内容。

当遇到服务内容的付费，涉及服务标准和能力，就复杂了。建造在村里的养老公寓，大概是瞄准了地理距离接近，能够享用家庭服务功能来支撑。

如果是没有专门的养老扶老服务的话。车库养老，就仅仅是一个服务型的轻资产项目。在老人无法支持购买行为的前提下，就更像是一个代际家产反向转移的赡养行为。从村内的老人的感受上来看。虽然，集体建设用地上的养老用房认购抢手，但那基本是属于年轻人的热衷。老年人对于离开家庭，进入村集体养老是颇有伤感之意的。第一是难以尽享天伦之乐，这本是多少年来积累下来的传统愿景，如今近在咫尺，但是划出了新的行为规范。第二是辛劳一生，所积攒的家庭财富随着劳动力的丧失，搬出老宅，基本意味着个人财产已经结算完毕。

集体用地上的车库改造养老，是一个更新的转型，这个转型无论如何带着些许对于资金的无奈。这个更新的成功失败要分两个角度来看待。小规模的轻资产至少完成了一部分本地老人养老承载力。是否能够有更好的服务不得不依赖于是否能够得到更高的资金支持，来自用户的和来自政府、保险支持的。目前农村的养老方式分为：自我养老、家庭养老、社会养老三种形式。三种模式中，前两种基本靠子女、补贴和扶持。如果结合一部分养老院，幸福院的管理人员，适当扩大服务范围，就能形成一个立体交叉多层次的照管系统。这里面的问题还是人。在2019年开始小观镇的幸福院办得颇具规模，属于一种公办民营（包括公民合办）互助式养老模式。但是其运行中却在管理上颇伤脑筋。主要是专业的医疗人员不愿加入养老机构，专业医疗人员其实并不是刚需。但是为节约资金，大多数养老机构聘请年龄较大的护理人员，还有不少是45周岁以上的农村妇女，文化程度不高，缺乏专业护理知识，未进行过系统的培训，业务素质和管理能力较差。这已经是比较良好的养老胚子。

从成本角度来看，养老机构的成本主要是土地、建设、工资、设备、水电煤等费用。其中，人力工资几乎占50%的日常运营成本。所以回避集体土地和建设的成本也就是回避了不到一半。农村或集中镇，利用自有土地建设养老院、幸福院从车库的案例中可以看出，并不是一件难事。回避这一半还不如去利用好这一半发展其他产业，真的赚钱，真的分红。手里有了钱，就能真的养老。

产业

大量的中部地区农村老人，在不断分家过程中，手中的存留货币是非常少的。如果居家，则有房有地，吃喝不愁，成本很低。最明显的例子就是抽烟可以自己种烟叶，而不必掏钱去买商品卷烟。儿女经常会给老人一些零花钱，多数为几百，新农保的出现极大地解决了生活中必需的货币消费。有的村庄还会用派红包的方式发放养老金，这样维持了老人的消费不会大幅度降级。

随着生活中的路径改变，老人面对的必要消费也随之增长。这是系统提升的原因。就如同随着计算机和软件的升级，以及各种App的不断进步，你会发现硬盘从1G到8G到16G到500G到1000G，不得不跟上文件量的变大才够用了。

如果这时候，你突然面对了一个内存条也要变成翻倍的大额支出，也许你会陡然发现，你的计算机用不起新的网络工作了。

所以老年人还是需要钱的，也是不能承担一次性大量支出作为养老金的。集体经营性建设用地当然是应该进入到资源附加值增长领域的，然而，从广东华南的农村养老那里可以看到，集体用地的产业化能够把增值和红利用股份的方式分配进入农村老人。在华南的案例中，鲜见集体用地的产业收入是来自养老产业，因为养老产业不是一个富产红利的产业。对于乡村，更加是不容乐观。那就去用宝贵的集体用地干点乐观一点的产业。

这就是最简单的道理，农村经营性集体用地不适合做经营性养老地产的所有原因所在。

那么作为集体财产的建设用地如何能够成为养老金的代偿机制呢？

在广东，以及珠三角、长三角，集体建设用地通过产业化产出，有了比较明显的改变。广东农村产业发展较好，村庄的集体建设用地不少都已经用公司股份代替，老年人的集体土地受益权经过确权归入家庭户主所有，也就是直接让老人变成产业受益的股东，坐享分红。上海附近农村实行镇保，苏州的民间小型产业发达，老人在丧失农业劳动力之际，仍能参与各色适量的产业岗位，换得劳动报酬。

中国农村的养老，是和每个地区的村庄形态相关联的。从前我们沿着贺雪峰先生的南北分类，大致梳理过，华南乡村多数仍呈现宗族观念以及关系在文化道德层面担负一部分乡村治理功能。在华南的习俗中，老人大多早早就退出务农。分别在子女各家养老。中部地区的乡村多数沿袭着代际资产转移进行小家庭内部的结算，那么养老也基本在父母子女之间进行道德和财产双层衡量，就是村民通过嫁娶行为分家和彩礼陪嫁，将资产提前进行了分配。之后的养老按照子女家庭依附性进行。这种依附变种转化子女代为支付养老院费用进行整合。

由此可见，华南、中部，农村养老从文化和财产角度，都主要依赖于农村保险和家庭内的青年子女。青年子女不论是个人孝道还是宗族制约，最终都要体现在：（1）居家养老模式下子女是否在村内或者附近，能够借用农地的粮食和宅基地的住房两项补充养老的支出。（2）机构养老模式下，家庭有无支付能力，有钱没钱。

这些超级具体，直接落实到每个人头上。看似与农村集体用地的使用关系不大，但又直接由这些零散家庭际遇组合成了土地问题，还有家庭在地完整问题。现在农村社会化养老存在困难的一个原因是农村青壮年劳动力的流失，因此乡镇政府应当高度重视农村劳动力的发展问题，鼓励返乡创业，从本乡镇特色产业入手积极创造就业岗位，加大农村地农村产业园建设等投入，发展农副产品和特色。

不论何种，集体用地的产业发展似乎是带来了比直接用作养老产业为高的效率。这大概是授人以鱼还是授人以渔的差别吧。

天马星空的距离

——乡村建设的织补方式

本篇介绍了在阳城天马山庄所实践的村庄改造项目过程。其中所暴露出的地方原建设未能保护村内格局，面临此种情况半截进入的设计思路，采用了在前任建设半成品上用景观改造，小建筑插入的方式，改变村庄内环境尺度，如同织补，改善不良环境，重新建立村庄特色。

新一轮的乡村设计忽然展开，大量从前养在深闺的村落倏地出现在从前养在城市的设计师面前。既然以前没什么设计师来过，很容易认为，这次揭开面纱的时候，乡村是一个完全保持着某一个时间点静止在那里的阶段，其实完全不是。

大多面对的现状都已经是被经年累月改造过的了，各个历史时期的改造结果混杂并存着。有的好，有的也可惜。

有的村庄格局和尺度还完整，有的也已经被改变的高低大小不太系统协调。

面对已经有明显动作的乡村，不论好坏，设计都不大可能也不大应该再次按照新一轮的设计来一个整体的刷新。

更有效更友好的方法是首先要分析和找到问题，之后从景观和简单构筑物入手，再到个别建筑立面最后到建筑功能，用比较小的动作来填补少量不足，或者减去少量多余，尽可能修改空间格局提升村内流线和氛围作为目标。补上短板填上漏洞。

如同做一次空间和功能的织补。

这是一个与历史上遗留下来的设计作接力性合作。

客栈

村庄的改造在乡村振兴下走乡村旅游中，最容易出现的就是别墅型民宿。现在很多都在经营方式上改头换面，有时候换了个名字叫——民宿，或者农庄。就取得了合法性。这种度假型的民宿与中国城市里习惯出现的别墅并不相同，也不应该用城市别墅的通行方式挪移，更不应该用别墅区的规划方式挪移。

常驻性别墅和旅居性民宿的差别很多，土地属性，营销方式，主体是谁，收益分配。作为建筑师最关心的是大小问题。房子尺寸是不是太大，乃至于深处乡村内部，有些也已经完全是村内房子的大哥级。华北农村多数为聚集居住模式，常见村落中的房屋成组成团，不是一栋两栋，而是一群，彼此之间的间距是不是已经放大成为城市别墅的大院间距，之间的道路是不是也已经去弯取直变成了景观大道。房子与房子前后是不是已经全然棋盘格，排排坐。这样，村落就变别墅区了。

某村庄鸟瞰图

遗憾的事总是会发生的。如今的遗憾未必一定是当时的不合理，在一个时间段所做的决策必然受制于当时当地以及某些现实目标的引导或者制约。建筑师主要是一个实践职业，除了专门的研究者以外，面对现状，无论是理解或是迷惑，无论是褒奖还是抱怨，对之前的规划都是看作工作对象，不做过度推理。需要认真集中脑力的是，下一步，如何做。织补一下空间立面，是设计师能够接续的改善行动。

天马村依山而建，朝南有着广阔的远山视野，村居沿着等高线成组成团地散布民居，村内地势高差明显，形成了几个梯田状台地组团。上一次的规划设计中，不是出自二宝而是出自设计院，做出了一个拆除一半民居，整顿地势，建设一整组大型度假民宿的设计。

建成的房子可以看出从外形到室内，从施工到选材，都很用了一番工夫，呈现出了对于当地来说比较高的设计和施工质量。即使从房子来说，虽然体量稍大，但因为材料选取基本出于当地石材，砌筑工艺也遵照了当地散砌石岩做法，故不甚违和。立面亦无甚恶俗装饰，室内格调淡雅柔和，殊为难得。房子之间的间距显得稍大，前后左右关系人为对正排列，可见当初规划之时，对于南北向的追求与重视。

南北向，对于从前华北农村空调基本靠太阳和通风的时代，一向是首要关注问题，并且已经把面南背北的房子称呼为"正房"。从此称呼可见格局空间问题可以看作是对于乡村生活的体验价值观使然。我等眼中乐趣也许恰是山民眼中不便，并不能简单苛责是否在改造中改变了原有格局。如若辩称，现今已经不需要阳光作为唯一条件，不再需要南北向的过度追求。答案恰恰也许会绕一个大弯，回到设计师最爱的文化面前，你所认为改变了村庄的文化，正是内里反映了北方对于太阳的一贯内心向往的人居价值观。这样的思考不禁又要回到鸡与蛋的复杂轮回中，难见分晓。还是回到简单有答案的问题，来看待现状对村庄的拆改。

尺度，间距的大小会较大改变村内氛围，山间难得有成块台地，紧缩而成的村落提供了良好的环境包裹感，如果使用丹麦建

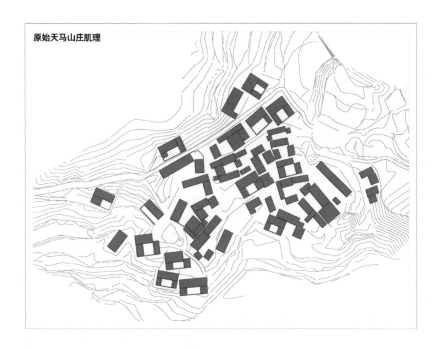

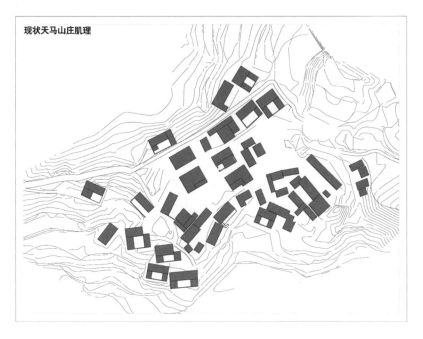

天马山庄肌理对比图

天马村改造前街景

筑学家扬·盖尔（Jan Gehl）的《交往与空间》和卢原义信的《街道的美学》的高宽比D/H数据来分析的话，目前新的客栈高度为9米，间距为10米，D/H等于1∶1，接近卢原义信总结的文艺复兴与日本东京的城市街道尺度，此处我们勉励之现状为山村且并非街道，而是山墙面的侧面通过性小径，D/H比接近2∶1，更具包裹性。

目前这个空间距离的现实改造，在我们判断里稍显失于疏离，

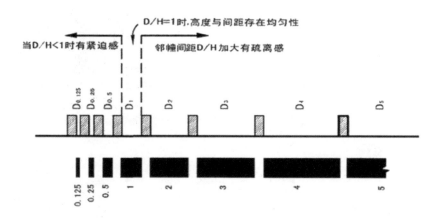

当D/H<1时有紧迫感　　　D/H=1时,高度与间距存在均匀性

邻幢间距D/H加大有疏离感

空间尺度对心理影响　资料来源:卢原义信《外部空间》

乡村生活的物理特色少许消散。然而,我们建立的判断多出自立足于山村主体之外的审美情趣,宽绰的间距显然是更加能提供生活与交通的便利,失去的若如真的失去,那可能是环境联动行为心理的影响,亟须长期观察。因此环境心理的修正,并不需要为此大动,留下已有的宽绰距离,改变距离内部空间的填充内容,降低单位面积,从而维持现实的空间距离,而减小心理距离,是符合前述对于问题的分析结论的逻辑结果。

这样动作类型就简单了。

将间距的空地再一次沿着高差细分台地,辅以拾阶而下的新建

天马村一角鸟瞰图

天马村设计效果图

多层浅水池（此村背山高处有水源），将台地进一步细分尺度为不同材质。再辅以当地石砌与木板结合的座椅与侧山墙的少量木廊架，形成室外家具与模糊边界。丰富起来三维的空间内容，减少疏离。解决了主要的问题，摆脱了大量的关于房子的土建矛盾。

天马村设计效果图

这个织补可以看作是跨过时间与未曾谋面的同行进行了一次接力的规划。

牛圈

村头有三间石头砌块黄土填缝的低矮房屋，墙上写着拆字。

这是三间牛圈。

现在没人养牛了，打算拆掉，本也可以拆掉。

天马村牛圈改造前

但是刚才说过，村内的中心区已经拆掉了一些存量房，村内尺度局部扩大了，这个牛圈与其周边两栋空置的民居所形成的原有的肌理距离就变得比从前更加珍贵了一些。这是一个空间格局上的补足。

新建的度假型民宿，已有五栋，共计25间客房，预计接待

30～50名游客。村内的公共活动配套服务开始出现需求。牛圈改造为酒吧餐厅，成为了功能上的一次补足。

保留牛圈的房子改为酒吧，利用原有高差，结合左近民居改造，新建一座配合的餐厅，互相围拢，加强了村内小距离组团感受，是一次建筑也是功能上的织补。

天马村牛圈酒吧改造效果图

用地

以上可以看到乡村的环境改造自组织的特点最为明显。多数乡村宅基地各自交错，导致被称为"官道"的村内公共道路和公共空间常常是夹缝里求生存，螺蛳壳里维持道场，七扭八拐。或者是集体建设用地需要经常桌上桌下地各种办法来维护实际的边界。如果涉及历史传承下来的各自的农田，交错纵横，长年不得不依靠世界一流的老农手工技术精耕细作来提高产量，机械产能难得实现。很多时候的村庄规划是来完成土地资源的挪移重组，这是一种对于功能的优化的织补。

北京海淀区的七王坟村，位于北清路西端阳台山风景区，风景优美，交通便利。长期的村内变迁，实际导致了土地交错存在，道路和居住用地效率不高的现状。

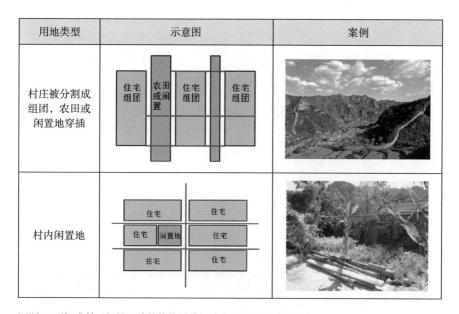

用地类型	示意图	案例
村庄被分割成组团，农田或闲置地穿插		
村内闲置地		

图源：王峥:《基于织补理论的传统村落保护发展规划策略研究》

当年对于这个村落的村庄规划主要的任务就是整理用地布局，提高产业效率，提高空间质量。对于村内交错的各种用地，在符合土地属性和各项用地指标前提下，争取宅基地原地整合，产业用地像华容道游戏一样，尽可能组合在一起，发挥产业用地效能。最终还要减少建设用地指标作为整顿后系统效率的体现。具体对于宅基地群落的

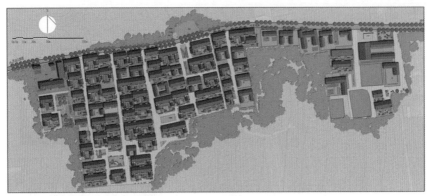

作者为七王坟村所绘规划图

用地调整，就是一次对冗余空、浪费的道路边角的土地织补。

另一种织补是对于村庄格局，是过程中的动态的阶段性修正。

村庄的自组织带来的效率低下，一直处于一个自觉不自觉地调整中。尤其是村庄自身的自发的调整。滚动式的村庄建设发展中，没有落下任何一个历史阶段。尤其是最近的十年，村民的经济收益得到提升，对自己住宅乃至于村内设施的改造也一直在不被设计界关注的进行着。直到这次设计师大量下沉开展乡村设计的时候，才发现，原来村庄格局已经在前些年被大量修改过了。有的是迁村并点，获得足够资金，直接效率优先。有的是部分拆除，部分新建。这也是一种改造，面对改造，可能需要附加另一种改造，对改造的改造。

忒修斯之船

天马村的格局就是这样的一种现状。

天马村并非传统保护村落，更不是历史文化名村。改变了一部分格局，并无有碍法条，也并不需要过多地牵扯所谓与文化形态相关的"真实性"。对于东方的砖木结构为主要结构构成形式的，一直尚在生活实用中的普通村落。过多地从"真实性"来做道德和文化领域的要求与宣讲，难免有架空时代，停滞时间的理想抽象。有趣的是其最大的"真实性"应该是不断在生活并不断有要求从而不断去改变载体样貌的乡村生活其"真实"本身。在此点上，一个有趣的论证是王峥在他的论文中曾经用"忒修斯之船"这个经典的哲学命题来提问，长年不断更新的船还是不是出发的那艘船。[①]同时他还用最时髦的量子力学的"全同原理"来作为补充解答。虽然不能立刻就厘清量子力学与村里的修修补补究竟发生什么样的干涉和纠

---

① 王峥：《基于织补理论的传统村落保护发展规划策略研究》。忒修斯之船之船是一个著名提问，一艘行驶百年的海船，每次破损都更换一块木板，全船更换之后，这艘船还是否原船？

缠，但是在"内结构相同""时空连续""目标相同"这三个提纲挈领的标题下，我们看到了一个对于乡村不断整治内在逻辑的通路与合法性。这三条合法性又是仿佛脱胎于亚里士多德的"四因论"。其中时空连续与目标相同这两条，更是直指我们乡村振兴对于物理形态的核心指标。

恰恰与新建一个此地并未曾有的仿古的或明或清又或宋或唐的新的古建筑所不同，不掺文化沙子更为要紧。民居村落之形态无论是否位列传统村落仙班或者听起来更加高大上的历史文化名村名录，首先而言，其属持续发展的生动环境，内中充满了演变与发展，此种演变代表了历史真实，与人为回溯过去历史某个时段的仿真古建不同，演变之建筑并未混淆其区域历史过程，并未以虚假的真实性干扰历史判断，即是无损真实。在生活演变这个话题相比之下内结构相同都可以算是左手指月之后的外显了。

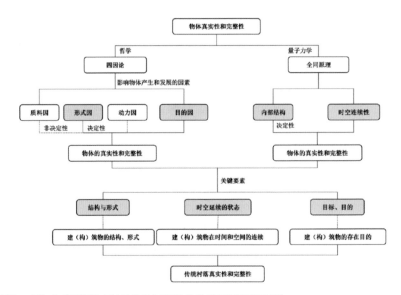

图源：王峥:《基于织补理论的传统村落保护发展规划策略研究》

亚里士多德太远，我们面对的是眼前当下已经被拆除新建之后的新格局。对这样的格局，我们需要面对，也需要承认。要思考的是，如何在以此为基础的模本上，开始自己的分析和动作。

无非是面对风貌的挑战。

肌理

村庄的风貌，首先是建筑的模式。屋顶，材料，颜色，尺度，形态类型。

这些都被凑成了一个叫作村庄"肌理"的专业名词内。这个名词读起来相当拗口，看上去也似懂非懂。但是在设计师的口里是经常挂在嘴边，一说到肌理，几乎就是恨不得同时举起右手强调表示绝不容侵犯。但是，为什么呢？一个名词就能宛如天使，"肌理"如同刚才我们提到过的"织补"，还没解释就已经赢了。

村落的肌理形态包括两部分，一方面指的是村庄整体的空间肌理，在村庄形态演变过程中，村庄肌理始终围绕相关的要素发展。另一方面指的是村内建筑组合形态与空间秩序。

天马村更新的建筑其实都是基本可行的。只是新建的房屋少许忽略了原有村落内建筑的大小规律，建筑之间的距离宽窄，以及房屋排放形成的街巷线位。原本依山而建的房屋顺着等高线（就是山坡）大致南北，各有东南西南扭转，形成山地村落自有的特点。房屋之间的街巷也是曲径通幽，而不是一览无余。屋与屋肩对肩的山墙距离明显小于前后的朝阳面之间的距离。这样既能节约用地，又能各自享有自己的阳光日照。这是自治村落自建房的集体聚居的原

图源：天马村规划草图

则体现，可以算是北方山村的居住文明表征，但是它是隐性的，不易识别，不显珍贵。所以在自己改造的过程中，分散的主体各存户仍然能够在宅基地村内土地细分的互相制衡之下保持格局稳定。然而，有了强外力介入，并且占有巨大主动权的时候，就很容易打破这个微妙的分散的平衡，从而改变了土地细分格局。

改变，不都是坏事。

如果并不能引来新的产业和生活机遇，而单纯是改变了原有熟悉亲切的尺度和街巷格局，就至少可以认为是原因不足。规划门内理论颇多，有一条简单易学的原则挺有道理：就是现在不懂的先不做。在此基础上，推论一下是，现在找不出有益的理由的，先不改。

拓宽了的村内小街，减弱了房屋墙高与街道的高宽比，从比较

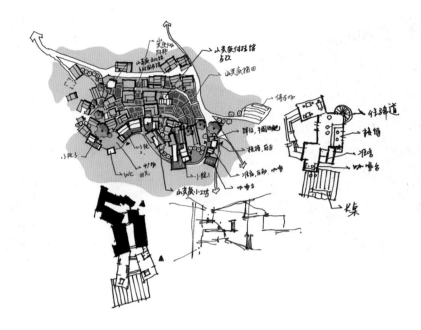

天马村改造设计图（周宇绘）

狭窄的有包裹感觉的心理安全距离，疏离到走在街上，身边没有触手可及斜身可靠的墙，树，砖台，带来的停留愿望不足。这对于想要容留游客，并不有利。

拉直了的大道，对于这个小村子来说，其实并没有多少车流需要穿村而出的需求。原本流线弯曲，视线随着人走而忽明忽暗忽开忽合，村内盘旋，而转至村边山坡，视线顿时打开，立见远山层叠，加剧了山景对游客的震撼。

本是不请自来的一波三折的高手设计，现在变得一览无余，平平无奇。村庄自组织发展而来的格局有其自身的横跨时间的丰富和多样性，这种多样性，不那么容易短时间内通过个人创作就超越。

既然时间留下的痕迹如此高明，何必要用未必高明的创新来覆盖？

天马村效果设计图

这就是为什么经常遇到大家说希望保留村内原有肌理的原因。并非"村庄肌理"是王母天条，天生高贵不可触碰。而是多年以来，形成的文明结晶，体现了多人多年的智慧。不对路的都已经慢慢淘汰，还有不适宜的应该选出来调整。

吴博先生参与开发的、刘家琨先生在浙江松阳的新作——文里：松阳三庙文化交流中心，被设计师赋予了一个有趣而形象的别称"泥鳅穿豆腐"，这也是一种对空间织补的方法。是在一个有着历史建筑的街巷空间中，发现不能互联的秩序不足，而未能发挥系列系统的效应功用。当然作为高手是不肯全拆了全重建一个新单体的，恐怕保护规划和资金需求也不允许。于是很巧妙地从公共开放空间入手，改造沿街沿线，建筑格局或是构筑景观结合城市家具。从而补足了一小块片区的地形和功能的缺憾，动作很小，但很有效。

这种织补，像泥鳅穿过豆腐，如以无隙入有间的庖丁，施施然，不见动作。少顷远闻吹细管，忽然已经如土委地，打完收工。

松阳三庙文化交流中心街景

家具

这其中景观构筑与"城市"家具结合起的作用不容小视。天马村根据村内地形高低起伏所安置的街巷间的层叠平台也是高低不同，其与行人的相对关系，有的在胸高，可以晒放当地特产植物山茱萸，有的在座高，可以作为街边休息座椅。

这种外部摆件或是桌椅的景观构筑，以前在城市街头并不稀奇，所以叫作"城市"家具，现在是"乡村"家具。尝试进入乡村"官

松阳三庙文化交流中心改造街景

道"或是村头巷尾。经济实惠，快速实施，能看能用，还改变了风貌，增加了村内公共空间团聚几率。虽然是个没有理论地位的小家伙，但真是居家旅行两相宜的好办法。在沁源的河西村改造中头尾都有所实现，使用效果能够基本体现。

　　除了对于村庄的用地和景观空间的织补，还有是对于功能、产业类型的织补。

织补

　　功能的织补其实前几年就显示出了重要性。首先表现在是一个非常重要的国际化城市。在那里曾经经历了几代人几十年去努力地重建内城活力，用的也是织补的方法，规模上是我们以前在介绍更

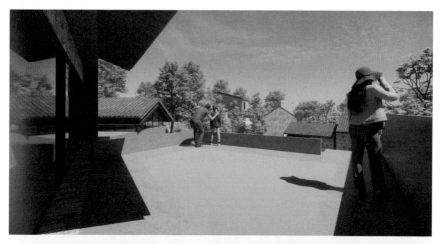

天马村设计效果图

新的文章中提过的有机更新的道路。逐渐把一些微小的生活配套和
服务业织补进了原本居住和商业都需要升级的区域。后来这个内城
的发展策略从避免中心渗透为主急转演变为直接疏解，首先疏解的
就是刚刚织补进去的微小服务业。这种疏解期待接下去能有后续跟
进的其他方式补入替代业态，则可视为升级植入服务业的过程。织
补的方法，升级是否得当那是另一个涉及绅士化是否得当的问题，

沁源河西村小农园改造后景观

值得再议。

至少生活功能的织补对于一个片区乃至于一个城市的活力吸引力和安全性都是非常重要的。

在1978年，科林·罗在其著作《拼贴城市》中对罗马帝国时期的城市历史研究中，提出的关于文脉主义的主张，对象是城市发展的历史性，阶段性，所遗留的片段性与片段之间的空白如何对待的问题。在这之后，织补乃至一个片区的独特文化传承。以至于2001年，法国巴黎更是将"织补城市"（weavering the city）作为申办奥运会的口号宣传自己的城市更新成功。提出一个名词就宣布了更新的胜利，为什么一个听起来与针头线脑有关的动词能有这么大的听觉合法性？

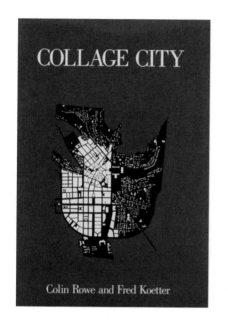
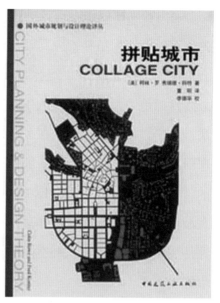

海报对比图

根源在于社会经济的发展方式。

　　一个计划度极高的发展方式，对于建设来讲，通俗地形容就是一盘棋，整体性，不留死角。一个完整的规划，基本上从成熟的规划师手中流出之后，对于总图布置和空间使用，是基本完整成系统的。希望它有多样性丰富性和多么创造性，是需要能力和运气或者是干脆就是想多了。但是，碎片化是相对少见的。而自组织发展天生具备时间跨度大，完成参与者具有多样性，甚至创造性也很强。弊端不是没有，就是很容易在小规模分别各为主体的背景下，边界冗余消极化，碎片化，产生出了衔接上的不严密，人居环境系统熵增。这时候对于自组织系统的积极化加强，最大的方式就是拆迁重建，最小的方式就是织补。高下难论，难易也是相对的，但是，要论直接投入，织补显然是最为经济的办法。

国内首先研究织补理论的是清华大学的张杰教授以及或霍晓卫先生，他们认为织补不应局限于建筑、景观等层面，而是对整个社会生活的系统性缝合，"织补城市""织补建筑"和"织补景观"的最终目标是"织补"旧城的生活及生活方式。织补作为传统设计手法，就一直被寄予希望，在改变外部空间的同时，有可能通过对物理形态的改变，从而产生新的用途，吸引新的人群，甚至重建活动的年龄结构。这在当下时髦的词汇表里面，叫作"赋能"。赋能一直被很多清醒的研究者看作莫须有之事，颇有一种自封神力的自我评估失衡感。唯独在织补空间这一件事情上是确实有可能完成一些赋能功用的。

比较起来对于景观和空间的织补有形，对于产业和生活功能的织补无形但更重要，毕竟景观和空间不能当饭吃。现阶段的带有赋能色彩的乡村织补，至少就可以分为两类：

（1）面对物理空间的，多数集中在少量建筑，多数景观，构筑以及乡村"家具"。目标是修正尺度，增加环境友好，延续历史文化，保持（烧热）人气。

（2）面对功能产业的，在分析和动手物理织补的同时，也要学着像城里的片区一样，有一个生活配套的分析，有一个产业导入的计划。让建筑的改造能够与面积，室内大小、高低甚至承重荷载配合起来。不仅好看了，还能好用。能给买东西不便的地方带来商业，能给没处早餐的地方带来早餐。给缺少就业的村子引来凤凰，有树可栖。

产业和功能的修正是可以带来饭的。通过加入产业、发展地方商业、提升生态和农林业等要素，织补并丰富产业结构。增加了就业和收入可能，就能最根本地提升村镇的活力，从而增强年轻人居留黏性，增大外来投资可能性。通过促进村镇经济发展，最终还是会实现对历史文化的传承与保护。

唯独生态，是未必能与以经济发展为目标的空间建设相向而行的。所以更需要在建设中选择相对审慎的方式，织补是一种瞄准原有建筑和街巷的，以渗透性，以小规模为特点的手段。对于生态的保全性，多数恰恰是值得信任的。

这么看起来，织补虽然动作不大，不是那么容易就能变成被人瞩目的"乡村巨变"，但还颇有补益，看不到的好处，肯定是好处。

村里的公共厕所
——我给村长当助理

本篇介绍了在天马山庄单体建筑设计时遇到的村内公共厕所的改造。反映了村民村长，对于外来设计师并不能很快互相理解，各有不同审美和方向。在这种时候，我们选择了尊重当地文化习俗，同意了村内厕所选址的意见。从而延伸出介绍建筑师与乡土文化的相处之道，介绍了乡土建筑与新乡土建筑的概念分野；同时介绍了乡村厕所的几种不同排污做法与适宜性材料。

天马，是山西阳城县的一个山村。

在那里完成了一个村里的公共厕所的设计，是完全与村长村民合作的。不是合作施工，而是合作设计。

更准确地说是村长是主设计师，我们来配合打了个下手。

乡村更新中，很多在地性体现在了设计师主动扩大了参与者的范围。将施工过程中不少具体的做法渗透给了当地的工匠，当然也有一些更加强调公众参与的巧妙设计能够把一些施工环节或者装配环节简化，从而号召本地村民广泛加入，亲自动手，一起建成。这样完成的建筑在乡村是颇有当地特点，同时参与感带来的主人感觉在设计师离开之后，建筑仍然能够不被立刻嫌弃。

天马山庄公共厕所设计效果图

这是一种建筑师作为绝对主体，让村民作为绝对配合方参与建造的过程。动手的合作，并不是设计的合作。无论如何美化，设计师也大多是不肯把动脑的设计交给别人的。更别说设计由村民来做，这一次，我们扭转了位置。

二宝

伯纳德·鲁道夫斯基：《没有建筑师的建筑：简明非正统建筑导论》

伯纳德·鲁道夫斯基早在1964年写就了《没有建筑师的建筑：简明非正统建筑导论》，但也早在1980年就绝版了的这一部书中，描述出了对于建筑设计这一个曾经被认为一定是存在一个被学科认可过的绝对权威设计者。后来，绝对权威者还在他们的语言体系内建立起了一个绝对权威的共同体。

这本书中介绍了一个很少被这个共同体所介绍的"非正统建筑世界"。我们对这个领域知之甚少，称之为"乡土建筑（vernacular）、无名建筑（anonymous）、自生建筑（spontaneous）、本土建筑（indigenous）或农村建筑（rural）"。

开始乡村设计之后，"在地"就被越发强调，要求设计师能够尽可能地贴近乡村。"在地"对于学院设计师就像药膳里的缺啥补啥，越是发现不在地，越是要强调在地。

按照王建国院士的看法，"在地"是"locality"，"在地性"的内涵主要包括以下几点：从特定的地域物产禀赋而产生的建筑材料就地取材；由世代相传、因袭式（Iconic）和实效性（Pragmatic）而带来的建筑建造方式；以特定社区生活圈（如以姓氏祠堂为中心的社会组织形式）为基础的生活和审美习性而造成的地域差异等。

清华大学周榕教授曾经指出，在地建筑实质上是对主义化地域追求的反抗，它强调土地的特殊性，在地应该作为建筑设计的线索与理由，而不是建筑普遍存在的位置表达。

也有说法是，在地性来源于"in-site"，"in-site"这个词听起来玄妙，特别有态度，但实际上更为简单，直译就是"当场干"。在曹凯中先生的眼中，"长期进行在地性（in situ）实践的表面之下，真正驱动他们进行设计创作的是如何处理不同建筑、场地要素之间相互渗透、衔接的关系。"可以看到，周榕老师与曹先生的在地判断结合为一个非常清晰的逐渐升华于地理的认识，那就是——关系远远大于本体。各种各样的关系，除了阳光日照，坡度地形这种相当物理的关系之外，还应该有心理、文化、价值观甚至资金用度等。可惜，对于"in situ"还使用了源于拉丁文的高级写法。"Situ"这个拼写本身就洋溢着对乡村无设计师的设计的忽视。

其实，我们所面临的大量乡村，从来是不缺少设计师的。真正的"在地"的设计师就生活在村子里面，可能此时此刻就站在设计团队的面前。我们没有看到他，他如同披着隐身衣一般被忽视了。

汾阳贾家庄，建设了一个作家村。里面有几栋砖砌的别墅。有的是红砖，有的是青砖；有的是民国时期风格的小洋楼，有的是中式的大院子。其中有院前庭院，有入口的玄关，空间大小得当，细部卓然，楼梯平台位置合适，颇有形式感。

设计师叫作二宝。

就是本村的一个汉子，没学过一天设计。村里盖房子都找他，不会了就骑自行车到处去看实例找灵感积累方式方法。

每个村大概都有一个能够提供绝大多数建造常识和方法的"二宝"。他们在不同时期主导过不同村子里的不同房子。大到祠堂书院，中到队部小学，小到村民住宅。村里的公共厕所，更不在话下。

贾家庄村设计师——二宝先生，图源：贾家庄 张晓军

二宝们在自发的改造了村子里的很多房子，有时候会有神来之笔，朴实而有野趣，是学校教育所不能给予的灵感。有时候也会暴露功能前瞻和使用合理性上综合全面性的缺乏。所以在村内的自建有时自具魅力、合理。有时仅仅一般能用、美观欠缺，也有不合理的地方。有的时候，我经常面对着二宝盖的房子，脑中回想起白谦慎先生所写的《与古为徒和娟娟发屋》，里面非常系统地探讨过书法和民间书写的分别和关联。这几乎与村庄更新的非正统建筑世界与建筑师眼中的乡村建设殊途同归。

村庄的更新从来不是哪一天一声号角开始的，生于斯，长于斯的村民一直都在更新着。村庄滚动着缓慢地发展，但从未停下。

二宝在贾家庄的民居作品

天马村是山西晋东南阳城县一个山村，在他们邡美的太行一号旅游公路修通之前，这个村里就已经自己改造建设过一番了。我们到达天马村的时候，那里已经改建完成了两座客栈。凹凸有致，材料搭配也很有当地特色。公共场所也得到了一些整治，具备了接待少许乡村旅游的基本功能。有了公共场所，那么接下来，功能上缺乏的还有一些能够提供餐食的茶饮的空间，餐厅或者茶室。

村长和村民也想到了。

厕所

在为村庄的旅游织补餐饮服务的时候，读取地图，在山村边缘，

217

山西省晋城市阳城县大天马村全景航拍

发现了一处面临山沟，视野坐拥无数多层远山的风景绝好之地。这里无论作眺望山景的餐厅、茶室还是补一件客房，都是绝佳。

这是一个方形的完全由石头砌筑的台基地，跨过了一根等高线，朝内面向村内平地，朝外面向层峦叠嶂，下探立足于悬崖。位置颇有北方佳人遗世独立的风姿。无人机飞行发现，这里已有石头砌的地基。显然，村长带着村民做出了自己的设计。

现在显而易见的，这个石头地基的位置是村边面向广阔山谷的一个凭栏眺景绝佳场地。在地形图和航拍片上，一个成熟的设计师第一眼就能选到这个位置。这里建一座房子，就是我们一般说的那种：不用设计自带"view"。一瞬间，我的脑中已经建起了模型。

我很讶异地佩服村长的眼光，竟然也是首选这里开始了新的乡村建设。只是不知道，他要建的是民宿还是餐饮。于是问了村长，其实心底起初更多是想要叫停他们正在进行的建设，想要帮助他们

大天马村公共厕所选址位置示意

重新做一个建筑设计。

村长告诉我，在这个半临山谷半临风的地方在建设的是一个公共厕所。

我本来是想要把它改变功能的。但是，那一瞬间我犹豫了。

公众参与

公众参与，以前在城市规划语境中谈及的时候，因为面对的城市区域的公民，事实上，都只是使用者，没有产权，不是"lord"。邀请其对于规划的参与似乎带有一些简雅克布斯式的关怀之情，并且多少带有一些是来自设计师额外给予的厚爱色彩。这本身是不是真的平等的态度尚还值得推敲。更别说在乡村里做设计，面对的实际上是土地的主人，他们是真正的产区所有者。那么产权所有者，

公共厕所村民自主施工照片

自己筹资建个厕所，此刻对农村生活尚处于认识阶段的城市设计者
来认定科学还是不科学，艺术还是不艺术，美观还是不美观，难免
会有对于主人的不理解的偏颇存在。理论上来说，村长根本不用回
复我的电话和邮件。

既然是打算来帮忙不是添乱的，就请求村长听听我们的理由，
听得进，就继续商量，听不进，就看看好了。实际上，村长和村民
是非常欢迎和疑虑地听了我们的意见。确实，这块地是风景上佳的
点位。但是，村民就是喜欢在这个地方建厕所。

原因是，心里舒服。

很可能，没有跟我所详细解释的话题中包含了一些玄学的风水
术过程。

无论有没有不可知论在其中发挥作用。确凿无疑的是，村民是
否心里舒服实际上是很重要的一个环节。

我必须要从心里再认真地对自己讲一次，他们是产权方，是乡村建筑行将长期使用的主人。这个产权是，集体所有，集体是一个虚词。我们没见到"集体"作为一个具体的人频频出现。这大概是过去的村落中的话语权持有者的消失的缘故。那是另一个故事，以后再讲。

当下最好的公众参与，就是和村长聊聊，问明白在这里建造厕所的重要性，而不是让村长听我的。

讲究

我当然曾经试图说服村长，停止公厕的想法，另寻他处。在这里建一个文旅居用房。并且，我从很多个不同方面反复阐述了缘由，根据，理论，收支。村长，只跟我说了两个方面：（1）左近就有一个化粪池，建了一半择地另建，村里支撑不了这个浪费。（2）这个位置是村民集体选的，村里人在意这个位置。

我很快明白了这个公厕的选点对于村庄的意义。浪费与否还可以用经济收益来商量，但是，这个点是村民们经过"讲究"选出来的。这个点不仅仅是一个释放生理的地方，也是一个如何看待特殊用途房屋对于村里安乱兴衰不可描述的地方。这已经不是一个完全规划合理性探讨的领域。

曾经介绍民间自生建筑的伯纳德在其书中，从耐久性，功能性，与自然的相符性介绍了横贯欧美亚大陆的大量民居。如同他盛赞中国华北的地坑式四合院（其实是一种窑洞）的冬暖夏凉以及隐身于平原一般的自然生态属性和诗意。然而，他也忽略了大量民间建筑

221

方式其中隐含的对于自然的敬畏和趋利避害、物竞天择、异族保全等逐渐演化成为一种规则。这样的规则出于流传的目的，或者是也可以称之为为了变成一个技术职业门槛而不那么容易流传的目的，开始加入了神秘的信仰因素。

图源：313文旅——十处饶有特色的古民居建筑

这个讲究对我个人来说，并不纠结。

民间选址信仰，我们一直也曾作为一个牵绊到学科的现象来做观察与思考。并不以此为出发点和必要条件。实际上，民间的很多说法是与规划的选址依据也偶有某些共同之处。只是出于其传自某种刷存在、求饭碗的需求披上了一些特定语言的外衣，其中合理与不合理不是要辩论的重点。重点是，村民以此为依据建立起来的心理安全感，并非能够依靠一个外来设计师短时间的规划审美来解释扭转。

对于建筑师来说，信仰就是为之宁愿付出一生的使用功能、自身思辨和艺术形式或者是安全、经济、美观这三点小事情。而没有建筑师的建筑，信仰就是一种不愿意轻易说出口的、宁信其有不信其无的"讲究"。"讲究"实现的时候，没人提起，讲究没实现，每个人心里有别扭。

强行改变并不可知的安全感，对于设计师来说得到的可能是沉默的不满意。这也不是最重要的，更重要的是，对于村民来说得到的是长期生活在这里的心理不愉快。对应"讲究"的失去，留下的可能是长期的"别扭"。我们为什么一定要给乡村留下看不见却存在的"别扭"呢？没有必要，也没有这个被赋予的权力。

对于规划牺牲掉的是一个有风景的民宿，得到的是村庄村民心理的安宁。

在地，是一种不抽象的理论理解，不是午夜梦回的思索，是存在于每一地块设计意图交谈中对文化冲突的态度的立见。本土性文化不是指建筑外显上的手法和特点，而是一种假托表现的价值观，对于本土性文化的理解与尊重，常被称为以人为本的设计观，设计观这个词听起来缥缈，可以具体化：是以此地斯人的价值观和利益观为优先，而帮助建造一个用来更好更完善当地价值观的表达，是补充说明、是技术保障、是打个下手，做个助理设计师。

于是，我决定首先在规划上服从村庄的选择。这个点位，从此就属于厕所了。

WTO

这个对于公共厕所的选点，是一个微小到不超过100平方米的

223

作者为天马村所作规划分析

场地，是一个并无关于规划建筑宏意的，存在于我与一个村长的交谈。这恰恰是在地与地域化思考的延伸之处，对于理论能立足于设计的显现。如同清华大学周榕所言"不同于地域性与本土性通过宏大的事物特性来获取认同感的方式，在地性打破了传统的范式，将建筑学的研究落实在更加具体的土地环境中，它的空间范畴更具体，强调的是比地域性更细致、微小的单元。"

公共厕所虽然面积不大，但对乡村却是大事。村宅像胡同，很多人家里并不设自己的厕所，全靠公厕。而且它是有自己国际组织的，这个组织的名字还很响亮，叫作"WTO"。2001 年 11 月 19 日至 21 日，首届世界厕所峰会在新加坡召开，标志着一个关心厕所和公共卫生问题的非营利性组织——世界厕所组织（World Toilet Organization，WTO）成立。WTO 做过统计：每人每天如厕 6～8 次，一年约 2500 次。这个数字比我想象的要高很多，厕所的使用环境不容小视。

著名乡村设计师"二宝"所做的一系列村庄内的民居也好，民宿也好，甚至他主导设计的村委会也好。这种"in-site"如果抛开某地的地理环境特性而观察其共性的话。是可以归入传统意义上的"乡土建筑"。这个简单到可以望文生义进行理解的词汇实际上竟然也有着自己特定的概念。

1997 年，英国历史学家保罗·奥利弗（Paul Oliver）在其《世界乡土建筑百科全书》(Encyclopedia of Vernacular Architecture of the World) 一书中给了一个定义："乡土建筑"是"人们的住所或是其他的建筑物。他们通常由房主和社区来建造，与环境的文脉及适用的资源相关联，并使用传统的技术。"

简单的定义内包含了几个关键词：本土的（indigenous）；匿名的（anonymous）；自发的（spontaneous）；民间的（folk）；传统的（traditional）；乡村的（rural）。

简单总结就是无名氏村民（或者是二宝）因为自己需要使用就在村里按以前样子盖了个房。这就是乡土建筑。

听起来就非常之传统。

所以，很快就出现了叫作"新"乡土建筑的描述。

新旧

土耳其建筑师苏哈·奥兹坎在《引言：现代主义中地域主义》一文中认为乡土主义有"保守式（conservative attitude）"和"意

译式（interpretative attitude）"两种发展趋势，其中意译式的乡土主义可以理解为新乡土主义。保守式的乡土主义主要是沿袭和继承，而新乡土主义运用了一些与地方性无关的技术，不再是简单继承模仿，致力于拓展现代建筑语汇。2001年，英国学者Vicky Richardson出版《新乡土建筑》（*New Vernacular Architecture*）一书，对新乡土建筑的概念进一步阐释，指出：新乡土建筑作为现代性与传统性的统一体，更多的是对传统的形式、材料和建构技术作出新的诠释而不仅仅限于修正。

清华大学单军教授在《批判的地区主义批判及其他》一文中，认为新乡土（neo-vernacular）建筑，是指那些由当代的建筑师设计的，灵感主要来源于传统乡土建筑的新建筑，是对传统乡土方言的现代再阐述。

就是说新乡土建筑，有了真正的建筑设计师进行设计并且使用但不仅仅限于传统材料和传统工艺传统样式了。

当代建筑师的介入必然会带来对传统的再理解和再创作。然而对于设计师这个新与旧的前后关系或者是从属关系并没有在实践过程中引起关注。再创作的过程中，原来的无名氏的村民设计师往往失去了新乡土建筑设计过程中的主导位置。而满怀敬意或者根本就不同意但是只能沉默地成为了旁观者或者是境遇好一点成为了助手。在一个革新的设计过程中顾问进言提供一些能够加入的元素，好让新乡土建筑保留一些在地的血脉基因。

这是不在地的设计师主导，在地设计师参与，从而要得到一个在地建筑的模式。

但是真的在地又是怎么才能真正地做到延续了符合了当地村民

的审美爱好？通过访谈和问卷能够得到真正的答案吗？能够通过对于村长的村民代表得到赞同和反对从而得出结论吗？

建筑师对于当地短时间观察所得到的现状形态的抽象乃至于重现，或者建造技术的借鉴，或者空间的特点继承是在地的答案吗？标签，图文，当地材料，这些的集合是在地的答案吗？

换位

既然一个建设于乡村的新建筑，主要的任务不是为了满足当代设计师的使用和思考表达，而是为了村民的合用为主，或者因为有新功能的假如顺便取悦乡村新访客的眼睛，并且能够在这个过程中提升在地村民自身的审美情趣和精神积极性。那么设计中依靠外来设计师的猜测和决策，由村民来打下手进行在地性的提升，就不如调整一下角色，换位为村民为主要设计者，设计师来做助手，提供修正，保障实施，提高效率，加入新元素。

向咖啡里加糖水和向糖水里加咖啡换个方式。

这是类似于对建筑改造的方式。不同的是，改造是对已经完成过的建筑，现在是对正在设计的过程，改造的不是实体是方案。从一开始就以一个改造加工者的身份进入设计团队，总设计师是村长村民，我是助理建筑师。

助理建筑师，这个岗位二十多年前我就做过了。工作职责是了解主创设计师的设计意图，贯彻设计方向。我要不断地了解他想要的是什么效果，把大致的形态逐步深化成为一个符合主创基本想法的立面。

村长已经从规划层面上就奠定了他主创设计师的位置，我也服从地坐在了助理建筑师的地方。

一个好的助理建筑师还要能够在主创的思路之下，继续发挥，使得主张不变，手法丰富。当我的设计提交给主创建筑师审阅的时候，如果和他的思路有不相符的走偏的地方，我要按照他的修改意见调整。

一个不甘寂寞的助理建筑师也还是要在不影响主要建筑走向的前提下，悄悄地加入一些自己的理解和动作。

既然不是形态上特殊的手法才有在地性的合法性，那么什么才是真的符合当地文化习惯的建筑设计手法。村里的建筑的样式，实际上蕴含了他们本身的生活习惯。其建造方式并非对历史的简单追溯或建筑形式的特殊表达，而是依托于建造主体的生活感知，关注当下场地中蕴含的具体事物，通过确切的建造方式来表现建筑的地方内涵。

原生的建筑材料大多是村民可以信手拈来的便宜材料。对于这种漫长时间都在自己身边出现的建筑材料，村民早已习惯了他的色彩，冷暖，粗糙或是光滑，厚重或是轻薄。这种习惯带来了貌不惊人的村庄和缓气氛。

在大体维持保留这种和缓气氛的前提下，加入一些新鲜的微量元素能够给陈年的村庄带来一些新的活力。与现代建构方式协同的现代建筑材料普遍能够更轻更快，甚至可能更便宜地带来新的使用空间和功能。现代材料与传统材料的巧妙混搭也能够出现熟悉与陌生兼得的意外效果。

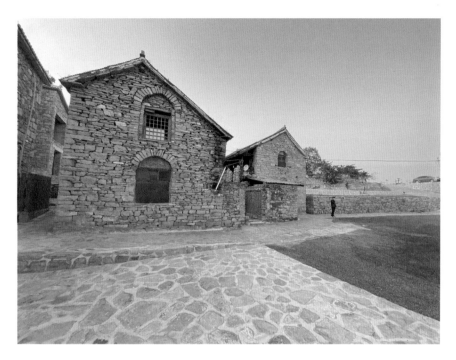

大天马村实景照片

助设

现场传回来的照片，可以看到，就在我们决定选点的过程中，厕所的施工并没有闲着，而是已经从一个石头的地基，建到了两米高的位置。

村民们用他们当地最趁手的材料——石头，用他们最擅长的工艺——散砌，建起来了四面整整齐齐的石墙，精彩图案散砌的毛石墙内部一圈砌筑了砖墙，既能抹灰贴砖又能加强保温，相当精彩。墙体在朝向村庄内部道路的方向，留了一个门洞。

以上这些，对于我所习惯的建筑学的审美来说，我是第一眼就找出来了多种不满，想出了多种大改一番的方法。然后我放弃了，打算维持原状，稍作修改。毕竟，我只是个助设，不是主创。我们来在主创设计好的厕所胚子上做一些改动。

一个石头砌筑的村庄公共厕所，厕所门前区域直冲村庄内广场，对于这个公共厕所置于村庄内公共环境的整体考虑，在保持厕所功能的前提下，改造，使用了一个加法。加法对原有的设计做一些附加的改动，是最容易既保持原有想法，又能有所提升的办法。

一切的提升主要是为了让厕所更干净，上厕所更容易。

公共厕所一直是使人心生敬畏的地方。就连当年横空出世的天后王菲要上个公厕都难免掩鼻，还被狗仔拍了。如果放现在，难免上热搜。图不放了，大家都记得。

因为脏。

厕所本身是不会脏的，脏都是使用者造的。如何能够让公共厕所不被轻易地搞脏是做厕所设计的核心任务。近期看到不少案例是关于高速公路休息站的新建豪华公共厕所，我很担心，使用光亮的豪华石材能够使得公共厕所整洁起来吗？在星级酒店里，有专人不间断管理厕所是可以的，那些平素无人看管的公厕才是最值得关心的公厕，乡村的公共厕所就需要更适合的材料来保洁。

不是使用豪华石材就能避免变脏的。豪华石材是为了显得厕所更干净，但是石材本身冰冷，抛光以后更是光滑，不论你是西班牙米黄，还是意大利啡网，都不愿使人亲切。你对不亲切的材料不会喜欢，只会敬畏。公厕，原本就是使人敬畏的地方，再加上另一种的敬畏，并没有得到提升。当使用者不喜欢一个地方，他就不会爱护这个地方。

天马村公共厕所村民自主施工照片

图源:《重庆一火锅店现"五星级"豪华厕所　百万打造 》

厕所的材料应该是看上去干净，表面略微粗糙，色彩偏暖，易于清洁。天马厕所的外墙已经是当地石材砌就，作为外墙面，除了外观看上去不够整洁之外，其余诸项基本符合。那么外墙就需要稍作调整，加入色彩更单一明快的元素，调整观感。而内墙面处于室内，更接近人体，不宜过度粗糙，色彩不宜为暖黄色，且需要内部保温材料，原有石墙，恐难带来室内的整洁感受。所以内附保温板后，以水泥抹面，用传统原始方法喷浅蓝色或浅绿色防水涂料乳胶漆即可。这样粗糙度与色度都给人整洁感受，一旦有污损，水擦洗比较易行。墙面全部施以乳胶漆心理感受稍失之以简陋，可选在1.2米高度下贴彩色玻璃马赛克。

考虑外墙材料元素调整的时候，是与公厕的院子结合在一起的。在进入公共厕所大门之前的区域，需要一个心理建设。这个门前区域需要干净整洁，这个场所感会让使用者同样携带着一个干净整洁的印象进入厕所，开始使用。换句话说，建立了厕所的场所感。既

天马村公厕效果图

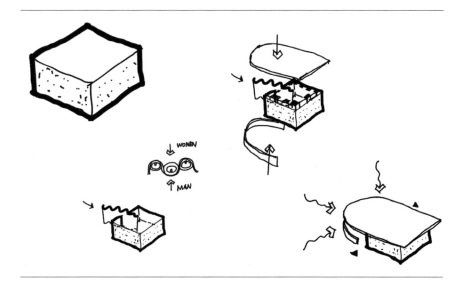

公共厕所设计过程图解

然需要中和毛石砌筑的粗糙，那么拉丝的亚光金属板就是很容易选择的材料。它能够很好地把自己顺滑的一面融合在毛石的系统之中。利用自身金属易弯的延展性，圈出半圆形的围墙。形成与矩形厕所的几何类型互动。

在前院中将金属板做成能够承重的波浪形景观墙，分开了男女厕。原有的厕所室内面积较小，很难容纳洗手台和清洗池。于是将它们顺势嵌入墙的波谷之内。在进出厕所的时候，都会很容易地清洗。公共厕所附近还有一个建好的露天泳池，或者叫戏水泡池，反正是无边的那种，脑补可以有打卡风景的。厕所的前庭院，波浪形的隔墙恰好可以兼做更衣和淋浴。

这一切都让人不那么想要远离这个厕所，还没有来得及让人足够喜欢。

厕所在符合功能的同时可以有趣。前院的遮雨轻顶采用彩虹色阳光板，会将五彩的投影洒在门前的地面。少许的时尚，让人从好奇演变到心情愉快，这一切都是为了在举手投足之间，尽量引导大家保持卫生。

天马村设计效果图

　　前院的地面尽可以使用便宜的青砖或者水泥自流平地面。而进入室内，这两种材料就都不是最好的选择。它们太容易挂灰变脏。浅灰色毛面防滑釉面地砖是最多见的选择，清洁难易度和心理感受都可以选择，然而，对于乡村公厕缺乏完整的维护清洁程度，就太容易积水，缝隙又明显，就容易形成污渍痕迹，使人心生厌恶，不愿落足。这次我们尝试使用水性聚氨酯砂浆地坪或者干脆按照彩色防滑路面的做法，在水泥基层上铺装3~5毫米的类似环氧树脂和骨料的铺装做法。经济便捷，防滑也不错，渗水性较强。彩色混凝土的潜在挑战是容易积尘，所以选红色、深蓝色较为容易避免。

　　公共厕所的室内，通风是很重要的事情。所以最直接的窗户是不可少的，与视线安全相协调的结果是，水平带状高窗，既能够有

天马村公厕设计效果图

足够通风面积，又能够防止视线影响如厕。而在男厕小便斗的位置，助理设计师在这里单独做了一个特殊的窗户。因为如前所述，这个厕所的位置是一览众山小的风景绝佳之地。你懂的。

足够的开窗除了通风，采光的照明需求也很高。除了窗户的光照角度设计，就是灯具的选择，公共厕所的灯光第一照度要合宜，就是说得明亮。第二，是色温要适中，就是说既不要选择普通白炽灯那么昏黄温暖，也不要像路灯那么寒冷发蓝。过于暧昧和过于冷峻，都不是良好的厕所光环境。为了公共厕所的灯具，请出了清华大学照明的大专家张昕老师，他给出了明确的数据。色温3500与色温4000都符合要求，但是3500的灯具产量小价格高，那么很明确了，选择色温4000的灯。

一个明亮的室内环境，使得上厕所有足够的安全感，增强干净整洁的心里感觉，也增加一旦污染场所的内心道德负担。这个负担，会驱使使用者尽量小心维护卫生。一个厕所的设计，居然要蔓延到如

彩色透水混凝土路面

天马村公厕内设计图

厕的道德状态，这不由得让人怀疑，设计管得了这么多事情吗？环境心理学一直就是一个研究人与环境使用互动方式的学科，心理是什么样的，不仅仅是之前我们提到过的很多不可知论的"讲究"，更多的是我们可以理性推演的可知的影响方式。这是对讲究之后的补充和技术支援。

我们在沿着村里的讲究的路径，加入了理性的讲究。

公共厕所最后的问题，来自一个小朋友的建议。公共厕所容易脏是因为不是你自己的厕所。怎么样能够让使用者产生归属感或者拥有感，感觉这是一个与自己有关联的厕所，会对保洁有很大帮助。属于一个公厕或者拥有一个公厕，这无论如何听起来是一件荒诞的事情。公共厕所的归属感这是一个很高级的问题。在完成它之前，我们还是先把基本的公共厕所建筑设计问题厘清。

天马村公厕设计效果图

它们是：

让人喜欢——有地域分化特征，有少许特点。不冲突当地居民心理。

洁具更新——尽可能不用传统旱厕，用水冲入管网或单元式化粪池。

至少有一个坐便马桶——虽然按照统计现在坐便没那么受欢迎，例如"俺不愿意使用马桶，俺觉得坐在上面，不如蹲着得劲，主要是不习惯，上不出来。"但是习惯会逐渐改变，并且需要照顾老年人的使用。

材料干净——色彩与粗糙光滑程度需要配合。

易于清理——不易积水，容易清洁。

通风——侧高窗为佳，南方地区可以为花格窗洞。

照度——灯具照度要明亮，色温为3000～4000。

清洗器具——设计厕后洗手的方便位置，以及出入厕所能够清楚提示洗手池存在的设计。包括方便的垃圾投放桶和墩布池。

里子

这些都是厕所的面子。厕所的功能使用方式是比面子更核心的改进内容。就是里子。

设计师特别容易进入考虑文化与环境心理学，人体工程学，也都是为了改进体验。而公共厕所的改造首先还是为了公共卫生和减少病菌危害，保护土壤以及地下水资源。

这就提出了厕所使用的卫生条件与厕所排放的卫生标准的一体化措施。

不仅不臭，不仅好看，更要卫生。

卫生是有标准的。公共厕也是有硬性指标的。

现在的厕所改进至少有两个递进关系：农村卫生厕所，农村无害卫生厕所。

卫生厕所特指厕所四面有墙体、有屋顶，贮粪池达到相应的储存要求。厕所内部干净清洁，粪便能够实现无害化处理。无害化卫生厕所是在满足了卫生厕所的标准下，能够消灭粪便中的病原和使其失去传染活性的厕所。农村无害卫生厕所建设主要采用了包括三格化粪池式、三联式沼气池式、完整下水道水冲式等。在有使用粪便作为肥料的习惯的地区推荐使用三格化粪池；在干旱、水资源紧缺地区，推荐建设粪尿分集式。

三格式厕所主要就是指：化粪池是由三个相互连通的密封粪池

组成，粪便由进粪管进入第一池依次顺流到第三池。其中对三个格内的容积有明确的比例要求。这个模式操作简单，按照肖会轻在石家庄地区公厕两年的统计，三格式厕所基本消除了臭味，夏天不见了蚊蝇，还减少了清淘的卫生费用。然而，对地形有要求，得宽敞，有平地。

对于无害卫生厕所，当然是首选水冲。对于水冲，就需要看本村条件，地理条件。如果是接近主要乡镇所在地，有可能铺设地下管网接入市政，就实行管道水冲。如果没有大市政进入，就在村内范围自铺管网，集中进行化粪池处理。经济条件好的村庄，还可以自建污水处理站。

图源：三川荷韵　农村家庭卫生厕所修建示范及推广

在不具备水冲管网条件的乡村（目前，这是主要数量的类型），

239

推广使用三格式化粪池厕所。即便是华北地区也仍然有山地和丘陵区域，不适合使用三格式厕所，那么推荐使用双瓮漏斗式。双瓮式的原理与三格接近，不足在于对有效深度的要求，所以双瓮罐体容易巨大，村民自行清淘难度较大。

生态保护区和主要风景区内的乡村，推荐使用水冲。但是大多数北方乡村水源缺乏，很多山村又逐渐出现空心化和人口流失，现状是常住人口较少，则也可以考虑使用双坑交替式无公害厕所。实际上双坑交替在实际厕所卫生使用中仅是小幅改善，并未较大改变。

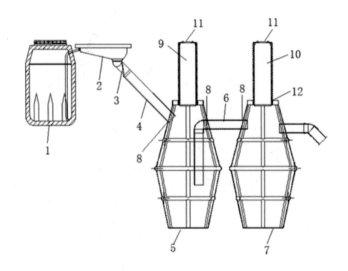

双翁漏斗式厕所原理图，图源：www.zhuanli.tianyancha.com

其他的方法也有新技术为基础的免水打包粪便，无水型生物降解产出肥料，利用太阳能集热板驱动生物除臭剂或者定时喷洒除臭液捕捉空气中异味分子。还有露天人工湿地型生物降解景观式污水处理站，等等，都有很好的特点，对于需要大量推广，资金能力有限的广大农村来说，都还有一些不适应之处。

新型粪尿分集式生态旱厕			水冲式厕所				
双坑交替式	粪尿分集式	组合式生态卫生	三格化粪池式简易冲厕所			有排水系统的水冲式厕所	
			三格化粪池式	双翁漏斗式	三联通沼气池式	有完整上下水道水冲式	分散式水冲

图源：张楚怡：《皖北农村旱厕改造现状研究》

华北农村公共厕所目前粪污模式主要是能水冲则建设完全管网或者村内管网下水道，还得注意保暖。没有充足水资源和管网条件则选择三格或双瓮。

再就是管理了，在文章还没写完的时候，我一位深圳的管理基金的同学，就急切地向我提了一个问题：没人管能行吗？这是一个不需要答案的问题，深圳的基金那么强大，没人管也不行啊。

对农村公共厕所的维护和管理也是有树有标准有方法的。改厕后设施的养护要达到"五有"的要求，有制度、有标准、有队伍、有经费、有督查，确保农村改厕日常管理落实到位，设施维修养护及时到位。标准有"四净三无两通一明"。推广"垃圾运处、污水治理、厕所管护"一体化保洁模式。还可以顺势将一

双瓮漏斗式厕所的安装
图源：王民 新华社记者

条龙的保洁服务外包，成为一个生意，可以出现村内就业岗位。厕所维护变项目收益，吸引社会资本进入。

也许，可以终将引来深圳这位同学的基金进入公厕维护生意。

城乡融合细化

——县村关联统筹乡村更新效率

本篇介绍了在山西沁源围绕县城策划了一次大县城关联乡村的发展规划。形成了1+14的县村系统。

对于广阔国土上的地缘差别的分类，非常有助于对乡村的更新有一个初步的定性区分。然而，华北地区，华南地区，西南地区，这一类的词汇在入手选点切入时刻，还是太大了。总不能，遇到什么做什么，守株待兔地来做实践吧。

如果面对县里，请你选一个村来更新，怎么选呢？

谁长得好看就选谁？

这两年来不少乡村设计的选村选点，快跟选美差不多了。哪个村子山清水秀，风景秀丽，村里哪个地块风貌独特就选哪个。问题是，这个村子需要更新吗？建起来个房子有用吗？建什么用途的房子呢？

一窝蜂，全是山窝里的小院，深林里的咖啡。都是雪山高士隐，世外美人现的气质样貌。高士美人们，建完了，能引起什么样的反应呢？这里不是想要展开讨论乡村更新的建筑审美问题，那是另一个专门的话题。题目我都想好了，叫作《色字头上一把刀》。以后再谈。

在审美这个具体动作之前，我们总需要现有一个地点的选择，村落的选择。除了按照贫困线的衡量尺度之外，对于可行性应该有个选择的谱。

大谱有，城乡融合。在实操时刻，我们得把谱儿更细化一级。

远近

在我们这么多年的城镇化过程中，不可否认，资金、人流、物料，都超级集中地聚拢在了城市或者城镇之中。而城市化过程中最重要的物料是什么？

图源：自绘

土地！

土地，资金，人。这三个要素恰恰就是温铁军教授曾经指出"三农问题"的重要原因——农村的三要素的流出。我们发现这三要素的进出是乡村与城市重叠的。现在中国社会普遍希望能够以城市和工业反哺乡村，当然是要引导把从前的三要素能够顺利回流。

我们都爱讲"城乡融合"，一说到城，就特别容易定位解读为城市，尤其是，地级市。实际上，各个村落和地级市之间远着呢。不仅是地理距离远，三要素的流动层级也远。

中间隔着一个县城。

城乡融合，城乡融合，究竟是谁和谁融合。一个地级市远在天涯，它和一个村互相不认识，三天不见面，互相的融合热乎劲就容易下去。一个建制镇，自己也没多少资源，能够自己保持体温已经不错，想要分出来可游动资源，那是强人之难。城乡二元的对立减弱或者消除，要借助最适合扮演融合的角色。要从地理距离，辐射范围，人流流动常见半径，以及最重要的，投资效率与公平这几个方面均衡考虑。县和村离得比较近，县比镇更能帮上忙。

县城，和近郊村落。实操起来目力可及的范围是"县村体系"。

离得越近，就越容易流动。

近，有地理距离和产业协同距离，两种。

产业协同距离，实在是一个有难度的高级的问题。城市自己本身希望把产业问题梳理清楚都还不易。以前耳熟能详的一个"同城化建设"也还纷纷表示没找到两城产业协同的良方，更别说城市乡村的协同关系。

那么至少，地理距离接近是比较容易筛选的。

所以对于乡村也有一个地理圈层结构的分类。环绕中心城镇的，尤其是现成的。现成的县城。

对于县域全域来说，县城近郊村落，是县城来往密切的朋友。

近郊村落，往往已经进行过类城镇化的更新改造，有一定基础。村民教育水平和职业训练程度稍高。有对接的相对优势。之后是外

作者自绘县村关系图

圈的乡村，相对遥远，对于县城来说，可能还需要2小时左右甚至更久的距离，村村之间的距离也更疏散。收入程度大多数也更低。可以借由近郊村落的传递继续得到县城或者城市的蛙跳式选点助力。

有用

对于乡村，最美好的愿望是，齐头并进，都能得到城市的反哺。所以，远离城市的乡村似乎也是更需要资金人才回流的。但也是更难的。何妨先解决近的，容易一点的。这其中必然又出现一个需求与能力的分配伦理问题。遥远的乡村更为需要，是否就应该首轮选择。其实这是一个伪问题，中国除了我们所说的个别东部沿海发达地区的乡村，都一样有需求，没有谁比谁"更"不需要一点。薄弱的乡土经济，除了脱贫以外，还有返贫的风险。除了绝对经济收入低以外，还有支出性贫困威胁。远近不论，帮助了哪一个区域都可以，但是，就看哪一个更能通过建筑有所改善和帮助。所以要识别，我们在开头提出的分类，究竟这个乡村需要的是文化，还是产业，是盖个房子，还是牵头个合作社，是留住未婚女青年，还是帮助村头精英找到城里资源。

有些事是建筑设计能做的，有些不是。不是的话，建筑设计师就别添乱。

像刚才这样"究竟哪个村子更需要"的问题，在乡村更新的过程中有人提出来的话，已经是很值得高兴的事情了。因为他把问题建立在了乡村是否有"需要"作为选择的前置条件。这要优于就好像电影美术选景般地逛着，看到风景秀丽，有点风光，就想在这里做个设计，建个小屋。开发者想要变成投资产品，设计师想要成就个人的一次创作。这都和乡村本身其实关系不大，你说它无用吧，它还耗了时间物力人力，置身于乡村之中了。你说它有用吧，问问村民，谁都说不出个有什么用的所以然。

好几个夜里，连续看了大量的乡建青年的笔记记录中，里面谈到了乡村建设个中体会，甘苦自知，各色各样，基本看不到更新建设的事情。唯独只有一例，提到了乡村更新的建筑部分。一个下了村子三年的可敬的小伙子，看到北京来的设计师，要在稻田里建一个木结构的凉亭。他从一开始非常不理解地旁观，到最后非常不理解地赞叹：有设计师的亭子盖得就是漂亮。从此之后再不见这个亭子的消息。我看了照片，算是一个及格线附近的设计。基本起到了一个看瓜大爷自己搭的窝棚的作用。比搭窝棚多费了不少劲。

乡村设计，应该从设计是这个端口就避免变成设计师自身的创作游戏。

乡村不像城里，财力人力非常有限，盖一次房子不容易，想要再盖再改，可能时间和财力窗口就过去了。

村里的房子，得有用。

榜样

所建房子有用，属于乡村更新的领域范畴。这个领域包含在乡村振兴概念之内，是一个关于建设的子课题。与社会学、政治学、经济角度的推进有相同也有不同，不同之处首先在于投入的建设资金相对较大。不论资金来自哪里，都是宝贵的。在更新的首期轮次，所有村落雨露均沾，分散使用，定有实效但失于显著。效果显著不是为了追求所为政绩，而是为了信心。

信心，对于乡村更新来说，是尤为重要的要素。很多村落，盼望振兴，但缺少榜样。榜样的力量能够加热自身的动能。乡村建设这么久了，榜样少吗？

样板很多，榜样太少。

对于中西部的乡村来说，你带他们去杭州农村，参观一下。山清水秀，满地黄金，科技集中，产业优秀。那是美梦一般的样板。对于一个脚下是黄土，周围是冲沟的山村，除了引来艳羡和扼腕，并不会增强多少在地发展的信心，增强更多的倒是怀疑。

"在我们那地方能行吗？"

榜样需要的是就在身边的例子。是让村民村长能够看在眼里，亲眼确认，就凭自己的条件，也能安排！

看到身边的某个村落的动作变化，有点效果。其他村庄会猛然发现，原来自己这地方还真的有搞头，有办法。信心可以有。在沁源的一个乡村更新了第一期之后，我听到旁边村的后生在感慨，原来在咱们这里也能做点接待旅游的生意啊……接待旅游民宿到底是不是好的乡村生意，是另一个我们以后专门讨论的话题。但是村民有没有信心是所有的基础，拉动各村自己的愿望和动力，比多下去几个高水平的设计师，重要得多了。这种在地榜样，就是真正的意义。一个再好的设计，再网红的打卡地，也不是引爆。真正的引爆是能够引来村庄自身的动能跟进。

贺雪峰先生在他的乡村农民组织研究中，提出过，基础设施和公共服务中普遍存在"最后一公里"，问题并不是工程问题，更不是国家投入问题，而是农民生产生活活动基本条件密切相关的事务必须要由农民自己组织起来解决。

县村

既然是要有榜样作用，那么建设投入的初次选点，不妨功利一点。

如果力量薄弱，先找试点，那首选县城近郊乡村。在哪里，一般来说，建筑物的承载功能更容易起到作用。

如果首轮能够多项选择，那就中心以县城为辐射支持，近郊作为首先的重点，远郊选个别有代表性的风景秀丽的地方作为呼应。

山西的沁源，原本是养在山窝的一个小县，自然资源优势明显，交通劣势也很突出。人文历史本来很厚重，有春秋名士，汉唐传奇。曾经是抗战时期的名城，在那里发生过著名的持续两年之久的围困战。不是日本围八路，而是八路围日本！侵略军想要在沁源做一个山地占城的实验，被八路用山地围城的实验瓦解了。坚壁清野了两年，没出一个汉奸，日本军不堪重负，一把火烧了县城跑了。

从这个山地围城的故事就可以想象，围绕着县城是什么样一个层峦叠嶂的太行盆地的地理小环境。

沁源自然资源丰沛，山环水绕，绿树满山，经济不错，但是不能总指望着资源撑一切。山地县域，随着乡村振兴的节奏，也要顺势而为，走出改善农村产业、经济、文化、管理的一波。

沁源的做法是整理出了一个以县城为中心的系统，他们把这叫作"1+14"计划。这个1指县城，并不是说它是系统围绕的主要目标。县城与周围的村庄是一个互促互补的同城化协同系统。可以是去中心化的，是平等，共享的网络。

县城在实际中肯定是地理的中心，也是大县域人流、物流的主要集散地，是和周围县市交流合作的重要点位。14其实是个泛指的不具体的多数、即周围的一些甄选的，预判可能有所作为的村庄。分析他们各自的不同特点和需求以及资源禀赋，梳理出围绕县城的第一个圈层的几个村庄，以及距离稍远的第二个圈层，最后在较远的山地的个别村落。

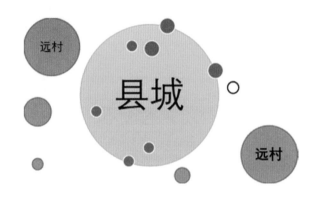

作者自绘县村关系图

这些村庄情况各不相同，更新改造的内容目标不相同，动作轻重不同。有的主要为了重铸村内凝聚力，而从公共空间聚合改造入手，有的面对已经空心的部分村庄屋舍改造为团建基地，连接户外运动通道。有的依托原有的废弃工厂改造为吸引年轻人活动和小型公司驻地的类似园区型场所。有的对山地村落民居改造民宿由村民自己经营。有的围绕每年的大学生农业和动植物实习建立实践基地还有小型展馆。

控制更新入手的时间先后，一期二期三期逐次开展。先轻后重，观察试水，持续修改。事实上，一期只做了少量的四五个村落中的少数屋舍和一部分空间景观。开了乡村论坛，带来了外部的投资运营者的关注和参与意向，由此引起了其他各点乡村的兴趣。打开了视线，猛然有了信心，开始各村打起了自己的各自的算盘，想要探寻一条自己的道路。

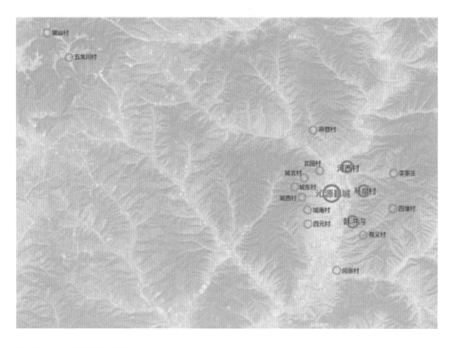

作者自绘沁源县村关系图

疫情期间，人在北京不能出差，但是视频连线中，得知，沁源的其他那些村子并没闲着。纷纷开始各自联系他们喜欢和认识的设计师，投资商，去看现场，协商发展方向。他们自己有热情自己搞点事情了。也有自己村不同的落地想法和规模计划，不再找我们设计了……

这是好事。

各村有各村的高招，这比学院、设计院的少量设计团队，依据个体认识经验模式的推广，要丰富、实际得多。

这个系统开始有一点自己启动运转起来的迹象。

县村体系，是个网络传递系统，是大县城视角，或者叫大县域视角，还会逐渐展开。

由近及远。实效优先。

来一场针灸吧

——更新里的老调重弹

本篇介绍了城市更新中的"针灸"在国际上的理论发展过程和在欧洲美国的不同案例。在建成之后，将会带来如何变化，如何评估建设后期成败。

综合介绍了国内尚村以及自己设计的琴泉村的村庄针灸式更新案例带来的建设后的村内变化。可以得出小规模的改造能够给村内在建设后期逐步滚动发展出良好的文化活动响应或者产业响应。

之前我们讨论过面对片区更新的一个办法——织补。那是一个温柔如水，波澜不惊，希图融建设于不觉中的方式。

快慢

它的另一面仍有很多不被人们满足，根源还是在于那个亘古不变的话题：保护和发展究竟如何相处。天下武功、唯快不破的刚猛信条下，温和与虎狼，究竟谁更合理？

要看动作究竟是否有助于地方的文化内核传承与产业、人口、经济重新聚集的协调。现实中与每一个要与我讨论这个话题的，我都不得不尽可能保持审慎的态度，因为内中牵扯到的各条战线的头绪委实过多。要说明白，需要大量时间，即使有大量时间，也仍然可能继续分歧。分歧是很有意义的存在，做永远比说慢。但是，即使是做，现实中swot（置于竞争环境中的发展策略权衡）的地区化考量，其挑战也是无法回避的。

最大的挑战就是——时间。我们一方面需要直接面对绵延动辄百年、数百年甚至更久的人居聚落及其文化，一方面又同时面临马上就需要与周边城市，周边县乡镇村的发展竞争。地球平了以后，全球的人都变成一村了。现在跟你要竞争的不仅是坐驴车一天时间的乡党了，还有眼珠子跟你长得完全不一样的几十亿人，谁跟谁也不客气。这一路平平的地球上走着，你一群人没文化，没旗帜，没身份认同，走着走着就散了。你就只有个文化，只有个图腾，没产出，不变现，走着走着就也散了。地球太大，再往远说，就容易星际迷航，我们还是说回到身边的旧城和乡村，以及更新。

图源：电影《星际迷航》

　　更新面对时间的挑战，就是各因素协同的竞争。竞争的不仅是抽象的经济，竞争的更加是具体而直接的——人，投资，产业落地，甚至是政策倾斜。

　　这，既需要快又需要慢。

　　既需要局部的快速又需要整体的沉着。

　　需要温柔的时候，你要温柔，需要冲锋的时候，你要冲锋。这才是骑士。哦，这一篇并没有写到乡村的骑士，那是下一部分，乡村产业。总之，并不是所有的温柔都是最适合的。不是刚猛都不对，大力金刚也有其大力的道道。冲锋不是只有全军全力突击猛冲这一条路，还有巧劲可以使。

　　大面积的冲锋肯定是价值不菲。所以还是选择精锐部队，在窄小有限的战斗部位，用手术刀一般的前锋来突击吧。

这些战术方法的思考听起来杀气腾腾，非常不适合我们和乡镇村民交流。一百年悠久，一万年太久，没有一个可以忽视，那么想要鱼和熊掌兼顾的设计者手中能有何法宝呢？

织补是对于一个相对平均的平铺开的地面上，来进行相对匀质的填充。

有时候，我们面对的是需要更聚焦在某一个具体点位上，有针对性地重点突破，改变一两个房子和它们周边的环境。

巴西南部一个城市，库里蒂巴，曾经有一位市长找到过法宝。吉姆·勒纳市长在2003年的研究报告中，勒纳认为，行动方针必须简单，并且能产生即刻的影响，以合理的成本提高城市居民的日常生活品质，解决市中心或城市边缘区的突发情况。这位市长先生的这一份研究报告题目叫作《城市针灸》，他言及的行动方针就是针灸方式。

"针灸"这个词汇虽然也是属于学术界的，但好在这次没有那么学术和难懂，尤其是中国人，对针灸大概一听就明白了。

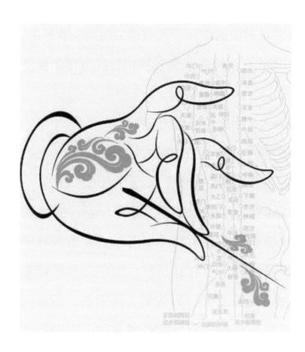

中国的八大国粹你了解几个？图源：www.sohu.com

针灸

针灸更新方式不是巴西市长的发明，却也不是中国人命名的。是一个传承有序，有历史的研究。

"城市针灸"理论（URBAN ACUPUNCTURE）最早是由西班牙的城市建筑师曼努埃尔·德·索拉·莫拉莱斯(Manuel de Sola Morales)提出的。他将城市环境看作是具有组织性并且可以传递能量的皮肤，皮肤不是内部的覆盖物，而是组织的基本结构，最清晰地体现其特点。通过皮肤来分布能量。都市肌理的表皮使我们能转换其组织的内在新陈代谢。

这一系列看起来仍然像是生命科学范畴的表述，实际上跟医学并没什么真正的关系。他的主要主张是，找一个合适的规模尺度比较小比较容易开展的项目，及时快速进行干预改建，从而快速开端，逐渐发展。针灸的理论和实践在旧城的兴衰转换中已经有很多描述和实践了。

我们又一次把目光回溯到了旧城，还有历史街区。

它们在以前的更新范围内是两个典型的问题包。都是相对弱流，又需要推动，又需要审慎，又不能两手一拢，无所作为。

旧城往往底子薄，基础差，衰败面貌不是限于一两个街区的范围。进行大规模更新改造所需的人力物力，对于政府的预算颇有点挑战。而且实际情况是，以前政府官员往往面临几年的换届考量指标——GDP。旧城改造投资大，见效慢，周期长，拆建问题敏感，有一定风险；换届后的新任领导能否贯彻对于旧城的政策，也是一个存在问题。这些都造成政府对旧城的改造有心无力，迟迟不能选点实施。这些问题同样也影响着地产商。地产商对于旧城的开发计划也基本都是停留在想法和疑惑之间。地产商需要比较肯定的政策导向。一方面，面对可能有的很多对于文物保护和民居拆迁的质疑；另一方面，面对单独进行一小段地区的建筑开发，周边效益过低，规模效益缺乏，开发合理性难以保证经济效益。那对于旧城来说，只要不贪婪，小规模单点建设就是合理思路。

勒纳指出城市针灸术最大的优点在于它的快速有效性。规划的整个过程需要很长时间，它也必须是漫长的，但有时候你不能等。有一些聚焦点是你可以迅速行动，创造新能量的，有助于规划的整个过程。它不仅仅有助于规划过程，而且有助于它的发生。勒纳作为一个市长是有所作为又是实事求是的，他分期改进了城市。给旧城更新的问题包提供了支撑。

对于很多弱流区域，或者是需要审慎不能迅速全面铺开的重要地区，针灸都是一个既保持了局部巨大力度和速度，又保持了整体平稳，还兼具了以点带面，积极引发下一步动作和多重联动的机动性。实在是居家旅游两相宜的好办法。

针灸是一个"理论"，也是一个实践。它的办法以前就有大量的案例和描述。

除了巴西以外，巴塞罗那是一个用针灸式更新来刺激老城发展的典型案例。

1981—1991年巴塞罗那采用了"针灸疗法"，十年间改造400多个广场和公园，这些新改造的公园和广场使城市中心区告别以往衰败的局面，街坊邻里生活也更加紧密，改善居民生活环境的同时也提升了城市的形象。如北站公园，就是通过将废弃的火车站建设成为一个居民可以共享的城市公园成功地促进了居民的社会交往，提升街区活力。

图源：https://image.baidu.com

毕尔巴鄂就更为典型。一度曾经被称为毕尔巴鄂现象。

毕尔巴鄂是西班牙的北部工业城市，在20世纪70年代中后期随着传统工业（造船、钢铁、化工）的衰退，城市也面临失去活力的困境。为了改变城市形象，确立了建设一个大型的标志性文化中心为核心的设计策略。从而诞生了弗兰克·盖里的名作毕尔巴鄂古根海姆博物馆，这是一个典型的文化旗舰项目。

经过与另外几个著名的建筑师如：卡拉特拉瓦（空港设计和步行桥设计），诺曼·弗斯特（地铁站口）等的一系列合作项目，形成了一个城市形象的再生，使得毕尔巴鄂从一个70年代末期的衰败城市转而发展成为今天的知名的西班牙文化旅游重镇。其中的古根海姆博物馆在1997年10月19日开放起不到一年就迎来130万以上的观光者。此后持续增长，再确认一年多后，直接门票收入即达全市收入的4%，带动相关收入占到20%以上。毕尔巴鄂的城市知名度确实在这几个标志性突出建筑改变之后巨大彰显。在亲身考察之

图源：有方　建筑绘：弗兰克·盖里的草图

图源：财新网　毕尔巴鄂古根海姆的文化品牌

时，惊讶地发现，街头游人如织，正逢某个文化节展，要知道，从前的毕尔巴鄂在全球艺术地图上基本是一个小黑点。第一次造访毕尔巴鄂是2004年，再去的时候，已经是十年过去，城市的发展热度并未停歇。大师盖里的金属狂花般的博物馆带来了越来越多的跟随性项目，著名雕塑大花狗也因为一次展览而最终落户在了博物馆门前。

欧洲的艺术版图中逐渐加入了这个城市的地名。旅游和会展竟然也逐渐成为了毕尔巴鄂的经济体量构成元素之一，还日渐增长。回头再看，那几个中小型建筑，体量均不是很大，也并不是每一个都耀眼夺目，但是，连续性的刺激形成了一个事件，连续性的建造形成了一个体系，最终走出了自己的道路。对比毕市这个类似于资源枯竭型后发城市，中国北部也有些许类似城市，其中还不乏颇有历史、甚至是历史悠久的旧城遗迹深藏其中。想要改变经济构成模式和发展道路，很是值得参考，不必全力倾城，推平重建。

在中国的针灸式实践并未停下，一直在延续。针灸，对比织补算是刺激，但是对于GDP的伟大追求，仍然显得微而不著。不能满足征服者一般的雄霸之心。事实上，有秩序和有作为并不矛盾，功成何必在谁，首要的是功成，而不是简单一句狮子搏兔，心意到了事之，遗留一个巨大问题包系统，置入不可知论中以观后效，其唯春秋作为答案。何必在你我，未见得就是其路漫漫不见终点，稍给时日，我们是能够用十年、二十年看到巴塞罗那、毕尔巴鄂的复兴，也已经看到过综合织补与针灸为一身的曼哈顿高线公园的功效。

曼哈顿是一个区，其中旧铁路线改造前的高线公园原址是一个漫长的消极城市地带，设计者使用标准的织补的方法。在半空中弥补了城市公共空间的缺失。并且沿着高线公园所经过的街区，分别建设了几所设计感十足的公共文化设施。将地面街区与地上公园综合形成了一个振兴起来的片区。高线公园结合了织补和针灸的两种方法，在并不太长的时间内逐渐激活了整个片区的活力重启。这是一个全局视角下的局部动作的最佳注脚。

曼哈顿街景

从一个点入手，但是视角必须是一个系统的。

系统

以前的针灸案例多是发生在旧城范畴，以前说到过，旧城是一个强流抵近甚至环绕的区域。它的弱比较起来乡村似乎更容易快速得到外援。现在的更新问题包里，加了一个乡村。旧城和乡村怎么能相提并论呢？

它们还是有很多相似之处的，首先是年纪都不小了，绝大多数我们见到的旧城和村庄,大概都至少有个近百年的历史了。年代远了，总有些这样那样的不适应。需要更新了。旧城在城市领域内也是一个需要更多关心呵护的角色。用我们这次文章中多次用到的词汇就是说"弱流"了。同样的弱流区域，面临同样的工作方式和手段。

那么问题就像晨雾中的鹿角，渐渐有些模糊的形状。乡村能够找到属于它的那个抵近的强流，能够争取到外援吗？

这就是要求我们必须也使用一个系统的视角来看待乡村更新与城乡融合。

白塔寺和积水潭是朋友，赵登禹路和金融街是朋友，清河和五道口是朋友，延庆和崇礼是朋友，乡村和谁是朋友？

强和弱是一个有着区域性的相对概念。山西的一个乡村未必能与北京拉上亲戚，但是，每个乡村都有一个镇，一个县城，每个乡村也有一个临近的乡村。它们可以在地缘上先结为一个网络。我们把城乡融合当作一个大棋盘的时候，就是要在选择乡村的时候，有与城市（县城）联系的观点。构想他们之间需要一个什么样的新载体能够牵引出县村之间的人流和物流。

当找到乡村的朋友的时候，我们就需要在乡村里找到一个入手点，拉动它，使得乡村和朋友能有更多的人财物交流平台。对外进入它们的系统，对内形成一个能够自行生长的系统。能够互相作用的系统内部，是能够发生作用力，提高自身甚至转化性质的。

系统论的转化原则认为，系统在与环境的相互作用中，不断进行自我调节，以保持系统的稳态与环境的平衡。系统的自调活动有一定的涨落范围，属于系统的量变过程。但是当系统的外部组织力度加大，环境对系统的的影响促使系统变化超出一定范围，系统的结构就发生改变，旧有系统就转化为新的系统，发生质变。

资源的价值体现最终要通过与其他资源的组织配置关系来显现。

孤立的资源单体具有潜在的价值，如果不能与系统达成有效配置，其潜在的资源就处于一个消极状态，无法兑现。系统理论最重要的一个吸引人的支撑就是，整体大于部分之和。因此一个各部分配置良好的资源系统的价值一定大于组成这个系统的各部分资源本身的价值之和（此处的对单体资源在系统中的效率发挥不能仅仅看作是将某一资源的潜在效率发挥至最高，从而遮蔽系统中其他的资源的消能发挥。资源的配置具有一个每个子系统的单体资源效率的均衡配置）。

这就是系统的转化。

也就是说，别看今天针灸这个更新的动作不大，但是改变了整体的平衡，并且还能够逐渐建立新的平衡。新的比老的还要更好更有效率，更适合发展。

城市和乡村也是一个系统。

从平衡的观点来看，城市发展也是一个由平衡到不平衡，再从不平衡到平衡的连续不断的过程。城市的各个部分相对自由，又保持着有机联系。在城市发展的过程中，当均衡、稳定的状态被打破时，就需要寻求新的稳态秩序，人类生活的发展是城市各自由局部之间始终处于不完全均衡状态，城市形态结构需要持续地优化。

当然有前提，前提就是得选对了改变平衡的那个点位和功能。从针灸这个字面意义上，也可以很形象地说是选对穴位。

穴位

既然要扎针，总要找到穴位。不能只是扎疼了，但不见好。

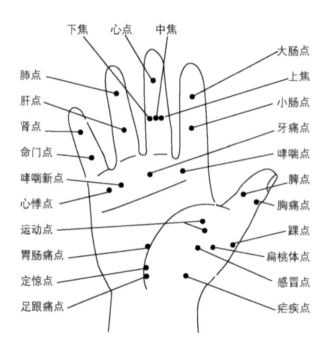

图源：手的二掌骨穴位图，www.wendangwang.com

很多年以前，专爱对外部空间和街道的活力进行研究的日本建筑学家芦原义信先生和国内的刘捷教授，分别从系统论的角度来描述城市的发展过程。非常符合当下最时髦的话题，熵增。说得清楚一点就是，城市建立了不同功能互相配合，走着走着，高低快慢互相渐渐不配合了，各个零件也都慢慢老化了，没人喜欢和待见了。需要换个部件，加润滑油了。这些都需要一个新的扳手和一个新的齿轮替换进去。

替换哪里呢？

就连我们打场篮球都需要选个首发阵容出来。

针灸针对某个片区，选某点或某几个点，重点设计完成。在这几个点位上，能够聚集优势资源，集中投放，产生局部的头部效应，

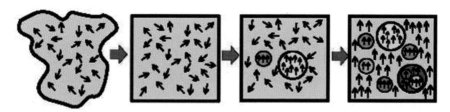

系统原有低水平自组织　改变系统外部环境　改变系统内部环境　实现系统跃迁
系统通过加入外部力量整合子系统完成整个系统的新平衡

图源：周榕:《大运高速公路资源整合战略研究》

在资源有限的情况下，不撒胡椒面。能够在较短时间内，实现样板或榜样的成功案例表现。这个榜样，除了能够在短期内改善更新地块内功能的面貌，也能够给其余未更新区域揭示效果，坚定信心。同时具有提前宣讲能力，具备传播和吸引外部资源介入的可能性。从毕尔巴鄂和巴塞罗那、柏林等城市的经验，可以看出首选都是文化中心和交通枢纽。

莫拉雷斯强调"城市针灸"的穴位点必须具有策略性、系统性和相互关联性，提出穴位点必须具备影响力范围大、功能复合、综合考虑多方因素、规模小耗时短以及具有显著公共性五个方面的特点，弗兰姆普敦则认为"城市针灸"能够成功进行的前提是针灸点的选择，具有限定的时间和因素。

对于点穴的位置，综合起来就是应该满足以下几个特征：

（1）能够符合原有片区的基本结构，不必巨大改变地段特点，不会面对必须夷为平地再起高楼的设计需求。村庄生活是一个仍然在继续的个体化活动，在乡村更新中的穴位，需要用传承和演变两种目光结合起来寻找，曾经的村庄格局往往已经有所变动，要坚持找到实质的核心，街巷宽窄尺度，村内屋宇主要方向规律。

（2）便利达到，便利看到，便利参加。所选位置能够积极地参与到片区的人群使用和生活中去。这个道理很简单，但是很容易被忽略。因为设计者很喜欢在一个风景秀美，人迹罕至的地方彻底地发挥一次设计才华。安静，恬淡的建筑就很容易显露出别样的意趣，上了照片更是很容易得到赞叹。但是，这么多很容易也没有换来能够迅速加入生活，从而改变片区活力重要。锦衣夜行，在更新之中不是个人喜好，是关乎效率效果。即是针灸，就不能建设完成如同泥牛入海。

所以，向来交通枢纽就是针灸式更新最爱选择的穴位。

（3）改造目标的功能应该事关人们使用需求的重要功能，要么是职业产业兴旺之地，要么是生活便利日常需求不可获取，要么是公共事务、聚落文化集中传承的载体。总之，得是能够深入影响居住生活。

正是基于此点，所以很多城市内的针灸改造汇聚在了文化中心，公共广场。相关的论述，起了一个好听的名字，叫作"文化旗舰"。不是大城市才有文化旗舰，乡村内的针灸我们推荐村内集聚地广场，或者是旧有寺庙周边，以及村委会卫生所等地。究其所以，形式各有不同，内核一致：乡村生活的焦点，人力潜力所在。

（4）生态的顺势而为。村庄与城市不同，生态环境更加重要或者说更加薄弱。在选择穴位，打算加入新的建设的时候，应该首先有所检讨。那就是想自己提一个问题，新的改造是不是会影响生态环境。如果没有更多的破坏，那就是及格了。但是如果想要得更高的分数，就要向自己提第二个问题，能不能通过这个新的针灸修补一些以前的生态缺失。这两个问题都有明确的答案之后，才是一个好的入手点。

这四点，作为选择穴位的基本原则，可以归纳为两个选择集。一类是比较适合先发的，比较容易上手，比较容易见效。一类是比较有核心价值，改变了它就能牵一发动全身，符合此地发展方向。这两类的交集，就是最适合针灸更新的首选地点和功能。

对于乡村来说，相比城市面积上小了很多，选点相对更加具体可甄别。我们在《乡村更新关节技》中曾经总结过的六要素基本已经描绘出了乡村中最为重要的几个点位。按照莫拉雷斯的策略、系统、关联，可以继续具体到一个村落中可被设计师主要选择的位置。

清华大学宋晔皓教授所做的一个老村子的竹亭，是一个乡村内的非常规文化旗舰的精彩案例。倒不是原有的寺庙祠堂。本是一个废弃掉的老宅旧址。

尚村位于安徽省绩溪县家朋乡，自唐末各士大夫迁入以来已有千年历史，是如今皖南罕见的"十姓九祠"千年传统村落。随着城镇化的不断推进，传统村落受到了严重冲击。尚村现有产业结构单一、村民收入较低、人口外流严重、"老龄化"现象严重，村落发展的动力不足。

尚村是中规院可持续乡村发展研究的案例，也是中规院委托宋教授团队承担其中的老屋改造任务。因为中规院前期基础扎实，非常有助于建筑师厘清各种逻辑关系。在宋教授对尚村原貌的描述中，我们并未看到他对于一个古老徽村的粉墙黛瓦马头墙的审美描述和形式抒情，而是对于村庄现状资源性问题的现象分析。设计师对于村落审美是绝不缺少的，而从产业结构单一到人口外流直至村落发展动力不足，更是一个非常难得的设计师对于乡村建设的思考切入正途。

图源：宋晔皓：《竹篷乡堂·尚村》

　　接下来宋晔皓团队选定了高家老屋作为村民公共客厅，希望以建筑团队的改造项目为契机，循序渐进，开展村庄人居环境整治、产业提升发展、传统风貌保护与民居修复等工作，逐步建立尚村保护与发展的长效机制，以引导尚村实现未来的可持续发展。

　　项目基址位于尚村前街的高家老屋。因年久失修，老屋主体已坍塌，仅留有部分外墙与老屋室内及天井的台基地面。这个选址的精彩之处首先在于，用一个老屋的改造树立起一个设计团队的雄心，同时也是希望引起乡村的雄心，持续发展。这本身是一个系统论的思维方式。其次在于选择高家老屋，这是一个非中心的中心，是不同于寻常路的。寻常路是前面我们讲过的村内的文化中心，广场或者寺庙祠堂，传统的聚集地。但高家老屋又是中心，它的村内位置可说扼要。一旦打开，就是一个村内的几条道路汇集之处，又被四处的老房所围拢，形成一个天然具备边界的区域，假如带有"地标"，则已经初具人员聚集的"节点"气质。我们以前的乡村更新关节技中对于六大要素的描述，在此点上，基本具备了。

前一段时间，被一位学生问到一个问题：设计的理论与实践是什么样的关系？这是一个很难又很简单的问题，难点在于，理论繁多，关系复杂。简单在于，你看，就如同这个选点，当你意识到理论描述的基本原则，你会在实践中找到对应的清晰指导。如同相马，一匹马在眼前是若干准则甚至数据。

本项目是将高家老宅废弃坍塌院落激活并加以利用，变废为宝，用6把竹伞撑起的拱顶覆盖的空间，为村民和游客提供休憩聊天，娱乐聚会的公共空间，兼备村民集会活动、村庄历史文化展厅的功能。与此同时，竹篷也可服务于游客，成为歇脚的餐厅茶楼。

在改造建设的前期就已经确认了村民和游客的眼神，这里的功能的改变是服务于他们的公共活动。休憩聊天，是一个非正规的聚集；是为了重新聚拢人气的目标，这与起初宋教授对于"人口外流"和"缺乏动力"的引发关系是相对应的；是要改变这个消极的文化现象，从消极走向积极。

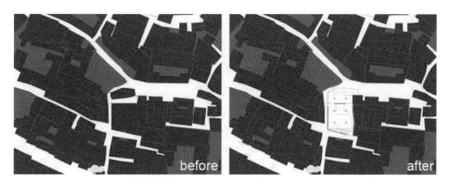

图源：宋晔皓:《竹篷乡堂·尚村》

在设计中，为了减少对老宅场地的干扰，采用了单元化组合建造的设计思路，以便在短时间内用更少的材料，实现大空间的整体效果。同时竹篷不是一个如砖墙和混凝土一样的永久建筑，不求作为永远的地标，可随着村子的发展、需求的更新、时间的推移，在使用多年后拆解回收。村内传统民居小青瓦坡屋顶的进深一般在5~6米，每组拱篷的跨度，刚好与之相近，从山顶看，完全融入了民居的尺度里。由北向南逐渐升高的拱篷既贴合了地形的变化，也提供了观赏南侧毗邻的徽派宅院的视角。

某地乡村改造前后对比图

就是一个非常经典的针灸设计过程。在原有村庄原有老宅的遗址，用很小的动作完成了一个功能的延续。继续在一个新的建筑范围内实现村内居民的聚集。既延续了村内的原有活动规律和流线，保存了活动的建筑格局，又用熟悉陌生交织的建筑形态，带来了些许新的氛围和气质。这是对一个微小穴位准确的抓取，创作扣住了所处场地的文化特质。同时造价低廉，建造快捷。很快就能完成，立刻就能使用。甚至选取竹子这种简单搭建方式，不求永恒，快速经济。抓住了时间窗口，把握了改造时机。

高家老屋的选点并非一个常规中的文化节点，但是瞄准了这个村内较为地理上的几何中心的潜质，同时结合了不再砌墙盖顶，而是用开放的方式来形成了一个半广场半茶馆的功能形式。这是找准了原来村庄缺乏公共活动乃至凝聚力的症状，选对了变消极为积极的扎针穴位。即使原址并不壮丽也不秀美。选点重要，不能只是选美。设计师的眼里总是先过滤出来美的地方，或者是潜在的美的地方。最多见到的现场踏勘，就是听到先知般的描述：这个地方好，建起来一定很上相。

上相对于数码传播与网红消费这两个双重加持后特殊时代的建筑设计师，接近合法性最大公约数了。

但是，不对。在旧城和乡村，美很重要，但要能够吸引到人，有人用。

先要动手的穴位，继续用拗口的话说，叫作先发子系统。

先发

先发子系统的针灸效应，很久以前我曾经参与在其中用更拗口的话总结过，叫作子系统通过范式植入，达到子系统跃迁，从而整合原系统有序提升，达到更高平衡。

现在，我终于可以用比较简单而不全面的话来重新总结：通过一小块区域的示范性，来拉动其他部分的跟随模仿或者对比，从而互补，最终回到协调，但是比从前进步了。

这一小块区域在设计角度观察的时候也是一个小小的系统，也有主有次，有需要砌砖盖顶的，也有只需要种花植草的。这个子系统有三个特点：

第一，能够发挥资源优势的高效性。子系统通过建立一个互相补强的多功能、多形式的空间配合使建筑之间和建筑与开放空间之间相互渗透，围绕确定的特定资源展开，充分发挥资源优势。

最重要的就是这个穴位要挖掘到它自身最重要的潜质，再建设改造之后能够提供出来什么样的功用，能够把之前隐形的资源变成显性的效果。

第二，功能的积聚性和有机性。子系统围绕核心资源充分配置功能要求相近的建筑空间环境。

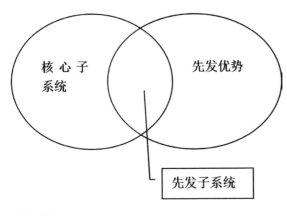

图源：自绘

第三，设计形式谐调性。为了形成较强的心理认知，加强场所感的唤醒速度和力度。积聚在同一区域的建筑和空间，应该是能够劲儿往一处使，分清主角配角，不要均匀用力，不要喧宾夺主。舍得放弃配角的设计光彩，形成一个主体的鲜明概念。

所选取的子系统，应是能够短期内表现出爆发力，带来改变。

核心资源指的是对于资源系统平衡态起着最关键作用的资源，核心资源子系统，则是指在系统内围绕核心资源建立起来的资源子系统，它代表着系统内部最为关键部分的资源方向。核心资源对于一个系统的跃迁起着关键的作用。

先入手的穴位应该是能够顺利利用好这个片区本身具备的重要

便利条件的。也就是说，顺势而为，找到事半功倍的好地方。同时，在这个穴位上挖掘到的潜质应该是这个村落或者区域整体中最为重要的方面，而不是任何一个资源潜质都可以作为先发。核心资源和核心任务与紧急任务、易流失资源相结合的部位，是首要顺序。

既能抓住本地区的主要宝贵资源，又是立刻急需马上的，还得是做了就能够有效果表现的。这几条加起来，就能够牵一发动全身。

牵一发动全身，以前我仍然也曾经参与在其中用很拗口的话描述过：那就是，跃迁。

跃迁

在整体资源系统的转化过程中，子系统的转化跃迁有可能引发并且依靠系统的自组织功能带动整个系统的平衡跃迁到一个新的水平。所谓"跃迁"在物理学中原意是原子中的电子、核子或分子一般因失去或获得一个能量子而发生的能的状态或程度的突然变化。系统跃迁借用在资源组织理论中，意指通过外部组织对资源系统的

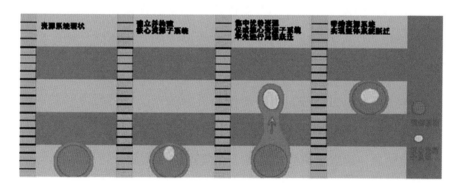

核心子系统跃迁带动整个系统提升

资料来源:周榕:《大运高速公路资源整合战略研究》

干预，依靠系统自组织功能作用，使系统的平衡态升到一个更高的量级。

观测旧城和乡村的针灸式改造建设能否带来系统的提升，是比一个巨大城市系统快速一点的。就看人气旺了没，村民喜欢不，有没有起到促进产业的地方。如果是放在城市开发土地系统内，任何一个建设肯定首先会被追问，投资收回来了没。而在旧城和乡村这样的弱流小片区，更新，投资回报率并不是首要问题，也不是短期问题。

之所以称为弱流，首先是人流和信息流上的弱。目前的交通已经具备了条件：道路和网路。村村通工程涵盖了公路和网络，这不是一件轻松的小事，但是基本完成了。那么用什么资源来吸引人流和信息流，就是如何发挥大量基础建设优势的问题，也是核心资源的利用问题。道路和网络算是核心资源吗？道路和网络信息传播，是紧紧连接着人口、资金的。

对于竞争时代的弱流区域来说，先让人听到看到，再让人来到，既是核心的也是紧迫的。之后才能顾及到，是否能够谈判到、投资到。

自身特色的自然资源、人文资源，都要附着在到达和传播这一对现实和虚拟的车轮之上。这是子系统内部的互相协同。先发的选择，这时候就是具体的。

穴位，是在可达性，可传播性，可承载人文，可利用自然，可凝聚人气的几条汇聚之处。能不能拉动，实现跃迁呢？跃迁作为一个物理概念，描述很理论。作为一个建筑设计概念，可以不看广告，看疗效。

鲤鱼跃龙门，就是那一瞬间的事情，跃不跃，要试试才知道。

大鱼

沁源县琴泉村地处山西长治山区内的，既然是山区，以前与外部城市的交通并不快捷。村内也难免人口外流，产业渐弱。然而此处山清水秀，同时，村子还颇有历史传说渊源。村委会也早早意识到村民的文化生活和凝聚力不够强，有心梳理山水的旅游价值，却缺少引子来推动引爆。村内并没有一个传统的文化集中广场，进入村口的大牌楼之后，直接的行进轴线指向的是村委会和卫生所。这里倒是目前村民经常要经过和光顾的活动中心。村委想要高举琴泉村的号召力和名牌，他们也这么做了。我们去的时候，就看到了这座二层小楼正对村口，楼顶有两个大字：琴泉。

琴泉是一个传统的村名，它的来源是村内图腾式的人物：琴高真人是战国时代的音乐家，骑着巨大的黄河鲤鱼穿梭各处。鲤鱼跳龙门就源自琴高真人的传说。

真人壁画

琴泉村本身的建筑已经不具备一般所说的历史风貌，近三十年内已经历经多次村民自己改造。村里的建设用地完全被住宅匀质地铺展使用，基本没有公共活动区域。这个区域的缺失，使得并不贫困的村庄并不活跃，改造村内的核心开放空间，提供加强活力的广场，成为首选。

这是一个没有任何房屋地产收入的改造，不便宜不行。（其实多数所谓民宿村内咖啡厅的改造，也基本够不上谈什么投资回报的问题。）

正对村口的二层小楼和门前广场，这个中心公共空间自然成为了针对琴泉村的公共空间改造对象，对中心小楼进行图像化的"包装"很快成为最明确的设计判断。除了被动因素上它是一个位置极佳的形象节点，由于其正立面朝西，正面的房间存在严重的西晒问题，同时新的立面还应该保证满足室内的采光和通风需求。

小楼的建筑质量和内部使用情况基本良好，对于它的改造，不打算大动土木，但是，还要面貌焕然一新，有自己的文化特点。选择的方式是"表皮"包装。加一层图层构造上去。我们所熟知的人类生产的图像并不是平滑连续完整的，而是"构成的"，是点阵图。我们将图像转化为由更小的像素单元构成的方式，单元和单元之间存在空隙，满足一定程度的通风和采光。马赛克的形式自然成为了立面图像的组成基石，而马赛克也能为图像提供更多的变化，在不同远近距离观察中，马赛克给人带来的识别度会有显著的差别，从而形成村落广场上由远及近，由具象到抽象的不同景致。

将马赛克组装起来的构造动作是"挂"，为了所有人都可以参与而设置。我们希望这个最核心的立面，能够以更轻松且简单的方式允许民众参与到建造中，由他们自己完成对他们生活场景的图像创造中去。为此我们建立了一套便宜的钢丝网系统，以倾斜45度来完成节点在"挂"的时候的非静止固定。

大鱼设计图

图案的选择是一个通过网络连接城市传播，同时在村民日常所见之时能够产生共情的要求。既要村民喜欢，心中建立"琴泉"两字，产生自身历史情怀，地域自豪。又要互联网喜欢，易于传播和产生兴趣，想来打卡看看。琴泉村作为琴高真人典故的源头，村民当然希望有能够表现琴高真人文化的总体符号。真人的历史故事丰富多彩，最突出的是鲤鱼跃龙门，这个所有人都耳熟能详的故事，对城市里的年轻人又有什么吸引力？好在，网络的事网络给了出路，网络上传播很广的"锦鲤"代表了好运，和远在山西乡村的一个村内传说有了共鸣。基于对村民年轻人的吸引与马赛克拼贴自身的可识别性要求，我们立刻就采用了网络文化重要的符号"大鱼"，从民众与艺术中取得微妙的平衡。

琴泉村大鱼图

这样的图案由插图师完善，自己研发了一个数字软件将之散色为11色的近三万块色块。选择半透明的轻质材料，亚克力片。接力一般地继续选择网络购物，很快，建材就送到了改造工地现场，价格还很便宜。

既然构造简单，就现场教会村民们如何穿环，挂片。大家齐动手，很快就"包装"完毕。包装过后的小二楼，一条半空中的大鱼，昂首挺胸，从老远的村前公路上就能一眼望到。进入村口，逐渐走近的过程中，大鱼逐渐模糊消失，到达建筑前，眼前能识别的是一幅色块组成的抽象画面。这是一个与人的行动有互动变化的图像过程。

这种包装，在很多人眼里，未必能算得上建筑设计，那么它是什么呢？算景观设计吗？算艺术装置吗？似乎也不是，但是它可以是有效动作。能够简单快捷地改变村内空间氛围，提供场所吸引力。

那么，跃了吗？

延伸

大鱼建好的时候，隔壁村的小伙子说琴泉村有了大鱼，看着真喜庆，吉利的厉害。

吉利和羡慕不管什么大用，但是村民都为此感觉到了一种新鲜的热闹。结合大鱼，整顿了周边的环境，改造了小广场。村内开始老老少少地在此聚集，抽烟，聊天、跳集体舞。带着孙子来这里拍照。

来拍照的逐渐还有了半职业的某音和某手的玩家。村支书是个明白人，立刻就着手专门请职业的网红，甭管到底红不红，总之是一直在拍视频传播。琴泉村的大名开始从养在深山，有一点向周边延伸的可能。

我曾经在2003年开始思考消费文化究竟会给建筑学带来什么，这个问题还没想明白，消费文化就迎头遇上了数字传播软件和智能手机。不论网络对于建筑来说是虎是猫，不争的是，它已经插上了翅膀，改变了建筑的体验、功能和意义。

改造后的琴泉村旅游直播图

村民似乎很为这条色彩鲜艳的大鱼而自豪，两侧民居的墙上也施了彩绘，内容也是各种大鱼。

一年以后，我再去的时候，有两件事让我感受到了这一次小小的针灸带来的变化。

首先是村支书显得非常犹豫，他指着大鱼后面的一处新建的二层民居。那里我还清楚记得，在一年前我们改造村委会的时候，还只是一个地基。现在已经建好了，设计形式什么的，我自始至终似乎就没有想要去控制和设计哪怕一点点。这个村庄历来改造过多次了，村民自己的设计选择，不见得符合我的设计审美，但是肯定符合我的价值观。他们设计形态的内在因素是远比我单纯的设计训练出发更深刻，更有其原因，是和村内经济，熟人圈层，权利分配，承包话语权等紧紧联系在一起的。可不是那么简单一句，文化和审美行不行的事儿。这个以后我们会专门谈，村支书难为情的不是这件事。他指给我看，那位村民建好后，也仿照我们的大鱼自己在墙上画了两条。支书说，这户人家让盖房子的河南施工师傅照着大鱼不差地画，但是，实在画得没那么好，颜色也选得没那么准确协调。我离得老远看不大真切，但是，觉得好不好看，似乎也没什么重要。

琴泉村大鱼远景

他喜欢就好。

第二件事，支书就一点儿也不难为情了，他很不露声色地带我到了村后的后山沟里。他知道他不需要给我介绍什么，因为，我一定会看得到。那里赫然立起来了两个巨大的庞大的很大的旅游项目。一个是山地滑道，一个是玻璃栈道。一个很长，一个很高。我没问造价，大概不贵。我大概问了问收入。村支书明显是故意显得很深沉实际内心很骄傲地说，五一节几天内就利润多少多少个万了。我也不用帮他们算投入产出比和回本时间，在村里这片土地上，他们自己最了解有多少人流多少门票。他敢于干，就大概算好账了。有趣的是，我记得初次见面的时候，村里是想建一个琴高真人书院，还有想在山里建一个凉亭挂匾。凉亭建了，书院没建，眼前的两个收费项目没有提及，现在建设的东西竟然是完全不同了。

从一个村委会的简单针灸，到开始有了热气，有了信心，有了兴趣，有了项目。有朋自远方来，能搞产业，能有钱赚，不亦乐乎。

为当地旅游开发修路架桥

讲了一整本的中国乡村和城镇的更新故事，每个案例中都蕴含了我对于更新中的一些主要问题的看法。实际上，近十年来国际上，即使是发达国家，他们针对其自身的城中村或者城市郊区的村镇区域更新改造的案例有不少也已经初具规模，其与城市的交融清晰直接。我们暂时抛开他们设计上表面的浮光掠影，用一个城市更新的角度，像核磁共振一样对它们的更新过程来一次切片似的扫描，看看这些更新的内里。可以看到对于更新的工作反映出一些共识，也有一些事情，是值得认真思考和推敲的。

"国王新生"
——一个边陲的更新

本篇简要梳理了城市更新这个词在旧城重建、旧城复兴、旧城更新中的发展过程。比较了几种不同历史时期的做法的异同。深入分析了伦敦国王十字片区更新过程的特点。首先是前期的策划：其更新的政府组织方式，公司股权结构和递进时间节点。其次分析介绍了国王十字北区洗煤厂的改造设计手法和现状、南区国际贸易区的更新发展事业内容的顶层设计以及现状。

渐变

更新这个词并不新，在城市规划领域已经作为学术讨论显学几十年了。然而进入广大国内资本力量的视野并不久。因为中国的城市化率逐渐走高，理论上来看，城市的地产价值将会返回前几轮的建成地段。同时，建筑寿命和使用功能也都有改变的需求和余地。虽然有了前几年的特色小镇这个概念中的优质方向和建设蓄水池，但毕竟资本是首先回避弱流区域的。所以很多判断趋向于近期乡村和城市的更新会交错进行，如果以年为单位的话，五年作为一个钟摆的周期并不算长。但是红火的趋势会越来越盛。

更新这个钟，摆了不止几个五年了，它作为一个学术板块有着自己的研究范围和清晰分野。尤其是二十年前主要聚焦于旧城的更新。对于发展还是保护，无论从实践还是讨论上都有着极有价值的成果。当时的自己是对更新的多种头绪感到困扰，对多种概念之间的关联没有足够区分的设计师。正是热烈的学术讨论给了青年学生一次张开眼睛般的认识。那个时候陈志华先生指出中国有4000多座旧城，但是被列为历史文化名城的只有一百多座（建筑史论文集）。对于昔日文化载体的能量消散的忧心忡忡引发了与经济发展的一次协同关系的长足思考，一直绵延到现在。同时，在这个发展的过程中，渐渐出现，些许地区（不只是城市内部内容）能量消失的又不仅仅是文化的问题了。当时就有针对旧城更新的对象的描述是"直接地认为旧城（old/inner city）是指城市建成区中某些经济衰退、房屋年久残旧、市政设施落后、居住质量较差的地区。"[1]设计面临的问题如果说就算和现在是一样复杂的话，那也不是同一个层面的主题。

经济发展的不足，并没有那么多关于如何能够让别人的钱来此地还回得去，全身而退的主动关怀。随着实践条件变得充沛，如何能够让别处的人来此地还能在此地做点什么有建设性的动作，这些问题越来越回避不得了。

没有钱和人在其中穿梭的更新，不太像是一个能够推广的更新。现在的更新更多的时候关心的是如何让执行方式和路线图能够找到解决价值低迷、文化消散、信心不足区域等问题的新生道路。

新生这个词听起来过于文学化，不像"更新"那么理性科学，更像是充满信仰色彩的抒情。但是更新究竟是什么？那么多复杂的概念和概念的演变过程包含在其中，它的中心内容能够简洁表达吗？栗德祥先生曾经跟我们看似不经意的讲过"积极化"这个概念[2]。我们几个有共同爱好的学生曾经一起研究过一阵子积极化的意义。后来觉得简单：就是把消极的地方通过一些设计和人类心理行为互动起来，从而变得积极。又后来，觉得还是不简单。这几乎是一个设计师赌上一生所做的所有的职业动作。我们的对文化和对经济对人气对产业的更新，加上最直接入手的改变环境，首先就是为了积极。

那么我们接下来看看"更新"到底是什么吧。

---

① 李其荣编著：《城市规划与历史文化保护》，东南大学出版社 2003 年版，第 194 页。
② 栗德祥、邓雪娴：《人居环境积极化》，《建筑学报》2003 年第 1 期。

20世纪50年代以来城市改造理论体系对照表

理论与政策	1950's 城市重建（Reconst-ructi—on）	1960's 城市复苏（Revatalis-ation）	1970's 城市更新（Renewal）	1980's 城市再建（Redevelop-ment）	1990's 城市复兴（Regenera-tion）
主要方向与策略	城市向郊区蔓延后，根据规划对城市旧区进行重建和扩建	是60年代理论主线的发展，以适应郊区及外围地区的发展，对早期的规划进行调整和再安置	注重社区邻里与更新的计划	许多大型项目及再建项目、旗舰项目（工程），包括外城项目。	从政策到实施层面，向更全面（全方位）的方向发展，更注重运用综合手段解决处理社会问题
主要促进者及利益团体	国家及地方政府、私人发展商、承建商	在国家及私人投资方面需求一种更大范围的平衡	私人发展商的作用增加，当地政府的核心作用在减弱	主要是私人发展商的作用，特别策划或投资顾问及代理、合作伙伴的模式开始增加	合作伙伴的模式占有主导地位
行为的空间层次	主要集中于本地（local）或用地范围周边（site）	结合地区（regional level）层次的行为手段	始于地区与本地层次，后期更注重本地层次	80年代早期，注重建设地段层面，后更注重与当地情况的结合	重新引入长远策略的观点，区域对区域层面越来越关注
经济焦点	政府投资，一部分私人商业参与其中	自50年代后期开始，私人投资比例及影响日趋增加	政府投资及私人投资显著增加	私人商业投资占主导地位，政府基金会有选择参与	政府、私人商业投资及社会公益基金更大范围的平衡
社会范畴	提升居住及生活质量	社会环境提高与改善及福利水平的改善	以社区为基础的作用显著增强	社区自助与国家有选择的资助	以社区为主
体形环境重点	由城市的改建与置换，及城市外围的发展	重建继续与50年代后在建成区的重新安置平行进行	在旧城区更大范围的更新	重大项目的建设以替代原有功能，旗舰发展项目	比80年代更有节制，设计更适度、优雅、更注重历史文化与文脉的保存
环境导向	绿化及园林设计	有选择地加以改善	结合一些新技术对环境加以改善	对更广泛的环境问题产生关注	广泛的可持续发展的环境理念的介入

资料来源：Roberts,P&Sykes,H(2000)Urban Regeneration

更新

　　先来段复杂的，更新二字里面各种门派还不少，每个门派代表了它那一个时代所主要要求解决的问题。问题为导向带来了不同偏重的方法。由此各自得了名号。不得不使用一些英文对应的意思反而更清楚一点，我们大致把它用最直接的翻译来一条顺译"Renewal"（再次弄新），"Redevelopment"（再次开发），"Reuse/Remodel"（重新用/再造型）和"Regeneration"（翻译不好，慢慢解释）。

　　"Redevelopment"起初指美国于20世纪80年代开始实施的小规模社区再发展计划，着重于社区邻里结构的复兴和交通系统的完善。同一时期，日本等西方国家开始较多采用这种方法。（董卫）按照吴良镛先生在《北京旧城与菊儿胡同》一书中的阐述：改造、改建或再开发（redevelopment）指的是比较完整地提出现有环境中的某些方面，目的是为了开拓空间，增加新的内容以提高环境质量。在市场经济条件下，对旧城物质环境的改造实际上是一种房地产开发行为。我想每一个真的实践过更新的参与者大概都会注意到"增加新的内容"在这里的表述，成为了很重要的一环，也是面对旧城最为实事求是的一个开放的态度。

　　"Reuse/Remodel"是指对于更小规模的建筑或小街区的调整工作，往往是以建筑物保护或整修的方式进行，整修建筑物赋予新用途称之为"Remodel"，对于土地或建筑物用途的更新调整（如旧工业区变为商业区，码头变为贸易区等）则是"Reuse"，它与"Redevelopment"差别在于规模更小，且不涉及大的交通系统的改变。

"Regeneration"主要用于英国，它代表的不只是旧房改为新房或是实质环境的改善，还具有更广泛的社会和经济意义，它追求的是全面的城市再生，创造更多的工作机会、改善城市经济、建造符合环保的生态建筑，引入丰富的文化活动活化城市，并降低城市犯罪率等。[①] 所以说"regeneration"没有能够一下子用一个词翻译。大概是因为它包含得太广，只要是和积极化相关的就都在这个词里。

我们所说的更新，不仅仅是旧房子建筑的修理改造，也包括广场环境的景观提升改善。除了这些物质的形式，还涉及这个区域的功能改变，产业内容的增减，人口业态的置换，比例变化，由此带来的文化氛围转变。

我们能够理出几个关键词：旧房改造，环境改善，经济意义，工作机会，生态环保，文化生活，降低犯罪。

更新指导下的很多旧工业区变为商业区，码头变为贸易区，过去十几年很多好的更新案例发生在英国，尤其是伦敦。

伦敦

伦敦发生了什么呢？

1999年，经过对英国城市衰落的分析，建筑师理查德·罗杰斯为首的城市任务团体（Urban Task Force）提出了一份名为《迈向城市复兴》（*Towards an urban renaissance*）的报告，其中，关注重点是城市更新，即要通过设计引导发展（design-led approach）从而

---

① 董卫：《城市更新中的遗产保护——对城市历史街区保护工作的一些思考》，《建筑师》2000年第6期。

为衰落的城市地区重新注入活力。

这里面又出现了一个新的词："renaissance"，也是复兴。这些都用"re"开头的词汇容易把我们的注意力分散，别管太多分别了，大概就是说要人和文化的互动重构当成一个重要的事情。

他们没有说说了事，做出了进一步的计划。把文化和建设联立起来看待。于是，伦敦的更新一个缩写提上日程——CAZ（城市活力区）。

伦敦在2012年举行奥运会，他们在这之前的五年开始借着这个机会更新伦敦需要的那些区域。这其中经历了十余年，如今已经是成果显著的鼎鼎有名的有：金融城，金丝雀码头，"here east"区域，"sheroditch"区域，"cameton"老镇，"oldstreet"硅环，至今仍然可怕与可敬交织的sartford区域，还有就是逐渐被国内发现和关注的国王十字区域更新。

"国王十字"

国王十字历史上是一个伦敦北部老工业区，之所以叫十字，并不是跟宗教有太大关系，主要是跟十字路口的意思更接近。100年前的国王十字铁路纵横，摄政运河横贯，货运繁忙，工厂林立，更是煤气管道的中心枢纽。

铁路和重工业是主要角色的历史时期之后，尤其是20世纪70年代之后，曾经的工业萧瑟，经济下滑，治安不佳，一度入选伦敦十大贫民窟。1994年的"mori"调研公司的数据显示，这里40%的居民都认为饱受犯罪威胁，73%的人都提到街头的偷窃和抢劫，

17%的人晚上不敢出门。

产业颓废了，但是这里遗留下了大量的维多利亚时代的历史建筑。这个地区的更新首先选择了两个主要的历史建筑入手。一个是以前的车站，对其进行的改造可以说是相当成功的设计，不仅仅完整地保留了原有的建筑风貌，还创造性地用一个现代的钢结构厅堂扩大了候车厅。至此不仅把原有的火车站台和地铁结合为枢纽，还笼括进来不少城市生活功能。甚至，还出现了全球青少年中最为著名的火车站台——九又四分之三站。

《Google、Amazon、LV都跪求进驻》，猫头鹰研究所

另一个是河道北侧的区域中的原有的粮仓。这一次功能改变了，成为了中央圣马丁学院（Central Saint Martins College）新址。赫赫有名的圣马丁在设计和文创艺术方面成为了这个老区域的新色彩。与此相关的其他更新围绕这两个环节，逐次展开，关键词是创造力，文创，商业。以街区为单位，以长期租户为对象。对于老旧建筑，利用它们的厂房特色，改造为主，保留独特气质风貌。

国王十字片区鸟瞰，图源：http://www.sohu.coma281458104_267672

那怎么能够保证地块价值呢？怎么能够欢迎其实不怎么关心所谓风貌，主要关心商业回报的资金进入呢？

也拆也新建。并不是所有的历史建筑都一味保留和改造。在规划中显然是有过选点甄别和圈层结构战略构想的。那些逐渐在这两个中心点外围的，没有重要风格的就拆除新建了。比如卡洛斯大厦，虽然是1891年兴建的。但没有被列入保护建筑名录，就拆除新建了。

机构

这个面积达到27公顷的区域，包含着对于大量建筑的整理，对于大量道路的整理，大量基础市政设施的整理，即使是老牌资本帝国的政府也难以直接入手承担。那么，牵头的机构是谁呢？责权利如何建立平衡体系呢？

最清楚曾经的铁路发达区域价值的机构无外乎铁路交通资本了。下面的这张图几乎是最简单清晰无比地示意出了这个昂贵地区的资本和开发方，甚至还隐含了开发以来这十年的股权转化的故事。

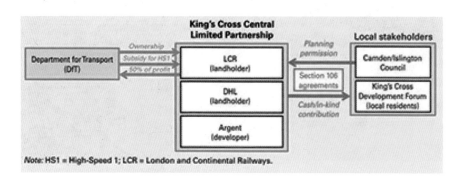

图源：国王十字片区开发股权结构图

可以看到这个地区的开发是有这个叫作国王十字中心有限合伙公司作为主体机构的。这个机构内部分为两位土地所有者，分别是lCR和DHL。这二位都是了不起的大公司，LCR叫作伦敦欧陆铁路公司（London and Continental Railways），它是属于英国交通部的企业，但是围绕着这位曾经的国王十字的地主，有一连串的股权的连环操作，这一串动作不能说完全都是为了国王十字的更新，但是至少在每一个时间节点上，都有着互相影响的可能性。

"国王十字"车站地区最高光的历史发展转折时刻可能要追溯到1995年吧，那时候全球瞩目的"欧洲之星"铁路将会靠站于国王十字车站，这个规划通过了英国上议院决议法案。比这个规划方案更加闪烁夺目的是，它仅是依赖于另一个计划的，那就是英法海峡隧道干线法案。这个法案一年后交给了LCR这个公司来建设，工程巨大，政府没钱，作为补贴LCR获得了国王十字区域的大量土地。这时候LCR被描述为一个私有的投资财团。而我们知道仅仅就在1994年，著名的BR（British Railways）刚刚私有化了原来国有的英国铁路公司，分了好多摊公司。那么BR和国王十字有什么关系吗？

有，关系很明确。BR早在20世纪80年代还是名声显赫的大国企的时候就计划改造国王十字这个区域。并且1987年已经动手请了当时炙手可热的诺曼·福斯特爵士来做规划设计。可惜圣潘克拉斯车站在年底发生了一场巨大的火灾，搁置了计划。

BR的未酬壮志的基因早早地种在了LCR身上。但是无论如何LCR当时算是私有财团，那么之后呢？

在LCR取得国王十字大部分土地之后，就联合了余下部分的土地所有者——但并不是另一个地主DHL。或者说严格地讲，当时并不是DHL。当时的地主叫作英运物流公司Exel。更严格地说，当时也仍然并不是Exel，而是NFC。

Exel是NFC与Ocean Group在2000年7月合并组成的。Ocean Group可不是海鲜连锁店，它的名字一般都叫做远洋集团。而国王十字的第三个开发者Argent是在2000年3月成为两大土地持有人的认证开发商正式出现的。所以我们知道，在联合公司组建时候土地持有者不是后来的Exel是NFC。而NFC本身也是英国国有的海运公司经过股份制改革改为民营的。听到这里，是不是觉得几十年前老牌资本主义国家的这一系列公司有点熟悉。但是，这仅仅是开始。

接下来是另一番操作：

三方组成的联合体，展开了一系列的规划设计和听证会，在

2004年提出了规划，2005年Exel纳入了刚刚整合完毕不久的德国邮政旗下的DHL——敦豪物流公司。国王十字的地主成为了一个跨国混合所有制公司联合所有。

2006年规划通过了议会审议通过。2007年圣潘克拉斯国际火车站改造完成。金主公司Argent至此宣布将投入20亿英镑进入开发建设。

2008年，三方宣布组成了开发合伙公司"King's Cross Central Limited Partnership"（简称KCCLP）。LCR占有36.5%，DHL占有13.5%，Argent占有50%。这个股份分配和时间节点来源于一份2000年的类似于对赌的约定。当项目规划通过并且车站完工后，要么金主全资收购土地，要么出资建设占据一半股权。与两个地主讨论一个已经规划通过的大片土地的权衡中，Argent选择了股权。

2009年大地主LCR被英国交通部全资收购。继而在2016年交通部将这部分股份出售给澳洲的一家基金，至此，英国国有资本退出了国王十字区域的开发经营。出售的价格是3.71亿镑。出售之时，交通部是用胜利完成任务的姿态来表达这一交易的。我们可以回顾2001—2007年对于地区更新举足轻重的里程碑圣潘克拉斯车站改建完成花费了5亿镑。能够看出这一系列一级开发的流程从平台到国企到退出引入基金，反映了整个计划中的政府拉动力和资本配合的目标清晰，节点控制准确。

"国王十字"的更新计划要继续延伸到2023年，这十几年的建设和运营过程中，公司的构成成为了一个跨国金融方，一个跨国产业方，一个本土地产商。地产商占50%控股并操盘。

好一顿操作猛如虎，其实看着当时的文献，其中还有一些更令人深思的细节，包括政府是如何在确定了土地所有者的开发意图之后，把拟开发地块放入到一个大伦敦规划计划中去。并且专门会列支出一个特别的项目计划，来作为规范化和依据化，并由此吸引和鼓励资本进入。两个土地所有者继承持有了原来国有公司的土地资源，这种平台公司形式的开发方式，在我们国内的一些一级开发乃至更前期的案例中有相似之处，但是这两个平台公司即使是化身为私有化公司之后也仍然一路陪跑，直到规划方案通过，才逐渐退出，转向金融方。对于一块27公顷的建设用地来说，可以说是规则清晰，执行严格了。

所有的公开文件上都表示，建设和运营都由开发商来主导，我们没法回退到当时当地去观察究竟每一项规划和产业招商导入计划是出自谁人本意。但是，建设开展了十余年了，从过程到目前呈现，应该说是一个成功的规划设计。其中的先后和路径，也颇多值得我们思考和学习之处。

策划

一个日渐衰微的区域，面临的问题是多种多样的。首先面对的是人气的问题。大多数对国王十字的观察开始于1996年之后。如果我们往前推上十年，可以看到一个时期，这里的人气得到了一点提升过。入住的人群基本上是野生艺术家。之所以称为野生，毫无贬义，相反，是充满敬意的。那时候的一些画家、雕塑家、音乐家还有朋克们，并没有获得丰厚的公司签约和合同，他们的创作热情几乎也只能撒在街头。这样的涂鸦和街头音乐带给这个建筑粗壮的街区一些活力。这段历史持续时间并不太长，但是带来了一些灵感。

由艺术家而引入一个无中生有的增长动力牵引是一个成本很低的路径。但是也是一个快速吸引眼球的路径。这个方式在很多更新中都自发或者自觉地运行成功过。但是，艺术家们的公司是很难进行区域的产业支撑的。和现在很多不同规模的文创园区不同的是，国王十字区域走了一条稍加改良，并且产业接引逻辑更清晰并且更务实的道路。

艺术的引入方式，并不只是依赖于独立艺术家的"小快灵"，也可以是一个艺术机构，或者是艺术教育机构。艺术教育机构是更大的一块艺术吸铁石，而且属于教育产业，并非文创产业，这两个产业在收益稳定性，收益数据可控性上有着巨大的差别。业主KCCLP决意将区域设计的重点放在如何构建一个能够吸引年轻人和充满创造力的公共空间上。这当然不是一个地产商的崇高城市理想使然。而是深谙城市活力增长点发展规律和级差地租的，有着远望的策划。

Kcclp不肯将好不容易到手的土地轻易地以低价产品作为基本开发，做一个低成本＋低利润的普通开发，这一点不能算作道德但至少可以成为理想。土地业主决定要将国王十字区域大致划分为南北两个区，中间以摄政运河为边界。南区以圣潘克拉斯和国王十字两个车站为核心，进行改造。改造除了要满足车辆运行，还要有足够的创造力形成口头传播魅力，同时建立依赖于交通人流的商业餐饮。北区以引入一个著名的艺术院校为核心。同时建立依赖于艺术学生的公共活动场所。同时展开对于两区边界的运河两岸的小型广场景观改造。努力建立一个充满文化和艺术冲突的场所感受和年轻氛围。

脆弱的地区在前期是提供不出什么能够说服资本的筹码。如果说有的话，就是文化和冲击了。冲击会带来的是追求创造力的年轻人，成熟的中产阶级只会随后跟至。当建立起初步的地区文化和活力之后，人气的增长会成为原本脆弱的地区能够打出的筹码。公共服务设施之后的住宅和生活配套希图能够实现固定人群。变游客为居民。活力和居民为这之后的产业招商加分，地区的成功最终还是要落足于此地的工作机会。那些企业能够按照计划出现在这里吗？

这是一个策划。而规划设计，正是沿着一个实事求是的设计策略逐次展开。

设计

第一是分区圈层，第二是熟悉和陌生交织。

以横穿地块的摄政运河为界，国王十字地区分为了南北两区。南部的核心建筑，圣潘克拉斯车站在2007年已经基本建成。国王十字车站计划在2012年建成使用。这将会给地区带来国际国内和城内的吞吐人口近5700万人次。建筑设计师在动手将老的车站建筑改造同时，入手了广场景观。逐步向北延伸。摄政运河沿岸的公共空间率先打造成了能够步行经过，并且具备停留驻足的滨河阶梯型广场。预示着河北地区也将是一个与人友好的氛围。

这一条界河即是分界，又是融合。摄政运河的水上运输今日已经式微，但是附近的老式的英格兰式的水闸依然可以工作，也成为了一道有趣的风景。缓慢经过水道中的船上往往是另一种生活追求的居民，靠岸在运河一侧的时候，也不经意地成为了一个景观。追求自由不羁的年轻艺术家们与这条河建立起了水岸之间的对话。

猫头鹰研究所，图源：从贫民"重灾区"到世界顶级城市更新

国王十字片区河道景观

这些水上人家直至今日，国王十字区域已经是世界500强企业盘踞一侧的高级商业区，也仍然悠然自得与之共存。这种驳船，窄小朴素，在历史与现实之间显得冲突得有趣。在其他的一些伦敦更新区，例如"cameton"港口区和"Here East"区都能见到。就算不是，有意为之，也是有意留之。并没有认为川流的小船会给现代的商业和科技区域带来什么不能共存的去之而后快的意见。一条流动的河道，除了景观，设计还别出心裁地组织了流动的水上电影院。水上电影院看电影肯定不是最好的选择。但是这个设计与北岸设计改造的圣马丁艺术学院形成了动静间的对比。

猫头鹰研究所，图源：从贫民"重灾区"到世界顶级城市更新

圣马丁艺术学院是150多年的艺术名校，在时装设计，舞美，戏剧表演，工艺制作等艺术设计类中声名赫赫。它的基本学习方式是：实验、创新、冒险、质疑和探索。这十个字听着就那么有吸引力，即便我已经不再是一个年轻的设计生。圣马丁学院鼓励学生大量举办外在的展览，论坛，演出活动，学院也与国际学术界有着不断地交流。这一切都在改变着原本沉默的社区氛围。

圣马丁学院是用一座庞大的历史建筑——粮仓广场改造的。它的样貌最大程度地尊重了原有的古老建筑，在高大的内部空间做了加层。用现代的钢结构来实现新的教学功能和房间划分。而外貌，几乎没变。对于一个艺术院校，可以说是极为克制创作冲动的，并没有做过多的所谓艺术化的表达。这大概是设计遵循了整体策划的一致性，在他们的周边最稀缺的不是现代和国际化，而是自有特色的工业遗存感，这点的明确，无论如何是明智的选择。

　　作为一个学院，既需要独立封闭，又想要外显对地区的影响。这往往是一对矛盾体。在实践中，城市与大学融合的案例比比皆是。它们都有一个共性，即封闭教学部分的建筑门禁，而打开教学部分以外的广场空间来无缝对接。

　　圣马丁学院在自己的建筑之外，精心设计了头尾两个广场，既能够时常举办大型室外活动，又能平时任由人们游走。在建筑一端，设计了一个开放的展厅，学生们的作品展以及和艺术家们的交流活动展览，常年不断地在这里举办。基本没有收费。经常是只有一个和蔼可亲的大爷坐在门边。进去的时候他有时会问你两个问题，你

国王十字圣马丁大学室内

是谁，从哪儿来。恍如要进入毕达哥拉斯的秘密基地。当你在展厅内看到一个通向大学的通廊的时候，你可以问大爷一个问题，我可以进入吗？答案也是和蔼可亲的：不行。游客只能在展厅游览。另外，他会告诉你从外边出去，走到后面会有另一个广场和有趣的商业步行区。这就是大爷主要的功能。

在建筑的另一端，两座巨大的仓库之间，设计了一个玻璃的封闭起来的高大连接体，作为这个教学楼的主要大厅，随意出入。从大厅可以看到两侧建筑内，繁忙走动和蹲着发呆的教师和学生们。但是要进入教学部分，就有门禁。这个大厅同时也有大量的学生在活动，做些街头的写生一类。

逐渐，围绕着圣马丁学院，出现了运煤场改造的文创公司区域和商业街。这还是一条两个二层红砖条状平行历史建筑。设计仍然

国王十字商业区改造后街景

保留了建筑的外立面，但是创造性地在尽头改变了最突出的空间关系——平行。在即将结束的广场尽头使得两座建筑出现了一个接吻般的形态。不仅仅成为了一个历史区域的创新节点，更加创造了一个口袋型的半封闭广场，这个不同凡响的设计作为整体匀质的开放空间中的神来之笔，提供了可看可坐的一个小型方场。这一类的方场本身在欧洲是有着其历史脉络和熟悉感的。

这种熟悉和陌生的交织，继续延续在别的改造设计中出现。

另一个值得一提的是距离运煤场广场不远的煤气罐公寓。"国王十字"地区原本曾经担负过旧日伦敦城的能源储备和输出节点功能。从前的巨大的圆柱头储气罐早已不在。而在商业街比邻的原址位置，设计师别具匠心地在保留下来的圆环状的金属结构遗存里建起了第一组公寓。作为公寓，圆形的标准层平面显然不是经济适用的最佳模式。应该说这样的一个设计在平常我们看起来，难免暗自会给设计师一个过于做作的低分评价。但是在这里，这种刻意为之，有意显露的主题还是能够吻合整个地区的创作理念。把这个区域仅有的也是最宝贵的工业历史遗存作为资产价值层面上的挖掘强调出来。比较起来设计学术上的一点点过分来说，仍然可以看作是利大于弊的一次服务。服务，这个词对于设计师来说有时候越来越成为需要不断提醒的职业基本修养了。这种服务在这地区的这个圆形公寓上表现为，原有储气罐的位置，原有的铸铁结构，剧烈冲突的玻璃和穿孔板墙面。使得这个人居环境与身边的巨大厚重的工业厂房改造形成了巨大的几何形态上的对比。这种对比是一个丰富此地的重要元素。这种对比又暗含着此地历史发展的脉络讲述。这个讲述是低沉的，偶尔跳跃的，这样的节奏与刚才我们讲到过的既熟悉又陌生的策划方向是共振的。那个巨大圆形玻璃和铸铁柱基上的1867年的标志完美地表达了这个原则。

"国王十字"的开发成为活跃的有创意的新区域，加上比邻地铁站和国际列车枢纽，成为了深受年轻人喜爱的新的城市核心。在运河南侧不仅仅是安顿了像路易威登这样的商业集团总部，还吸引来了各种总部大楼，有facebook，google，环球音乐，nike总部，等等，在办公总部层面可以说是星光灿灿。2018年劳斯莱斯也宣布要入住"国王十字"，一是因为原来的总部所在地价格昂贵，二是因为它的交通更加便于全国和欧洲的交往。香港的南丰集团也在车站一侧入手了大量物业。这可以说是一个跨国开发引来的跨国公司的因果。

国王十字片区改造后街景

运河的北岸依据艺术和创意焦点，发展入驻了一系列的中小型创意公司和生活配套服务。紧邻粮仓的广场保留了原有的地面上的铁轨，并且在空中搭建了一个钢结构的屋顶，把这个原本无聊的地面变成了一个半室外半室内的模糊地带。"国王十字"那些著名的瑜伽

国王十字某办公楼模型

国王十字街景

课大多就在这里开展了。

除了原有的古老建筑改造保持了旧工业遗存风格之外，只有紧邻粮仓的一个公司用房延续了这种工业化的外形风格。但也是使用了钢结构和玻璃相融的新材料。周围其余的建筑都没有再特意地进行古典或者工业遗存风格的仿造。住宅们，公寓们，商业和办公楼们都选择了各自适合的现代道路（这个词并不是指建筑历史中的那个专门的现代主义建筑）。各色各样的建筑围绕着中间的历史节点，中间穿插着几个并不太大的广场绿化和景观。这就是国王十字的设计结构模式。

既不去对原有的古老做过多的新时代的改变，也不引导新建筑区走靠拢老建筑的整容。这是一个符合区域定位的设计响应，是以追求运营效果而不是追求建筑评论或者新闻评价的务实态度。

国王十字街景

业态

过去的十几年来，这个地区持续发力，在2020年后，这里成为一个商业，学习，工作，居住，娱乐，交通枢纽，功能复合的双核心圈层区域。

实际上我在2019年中为了检验这个计划，两次到达这个地方实地调研。分别选了学校的假期和工作日两个阶段，还分别是天气恶劣和风和丽日两个状态。这里出色的建筑设计策略，显示出对于人流的足够关照和吸引。而合理的规划圈层和丰富业态的配和，能够让生活以一个简单但舒适的状态进行，满足需求。除了Google总部是一向地对城市不友好以外，基本是令人愉快的。招商的资料上应该是很自豪地把已经出租的房产都标注了，剩下为数并不太多的楼宇标为红色，色块的比例一目了然。这里不属于一个代为经营的售楼公司，所以应该没有饥饿销售套路。

图源：商业与地产：《从贫民"重灾区"到世界顶级城市更新》

人流的密集度和大量的仍然在建设中的施工工地对于一个曾经冷门区域的地方来说应该承认是有一点意外的。

对比798来说，对于艺术家原动力如何保持可持续发展和经济推动力的道路选择，这里巧妙地走了艺术教育道路。既是艺术三产又是教育产业。比较起来野生艺术家，可以视作是更为可控更为规模化的方式。这对于艺术家来说，被更替的那一刻是从头就没有机会，还是中途被排挤出局，孰优孰劣，颇难衡量。但是对于地区更新来说，很多规律已经显示，地区不得不借助艺术和文化创造力的推动来获取初步阶段的动力。在这之后的再次变更是难避免，那不如从头就选取少一次波折的方法吧。

一个更新区域的时序问题，我们已经逐步看得清晰了。那么这个地区完成后的业态比例是什么样的呢？在我们自己过去十几年的产业园区设计的过程中，几乎有一半的时候，是在观察和改进这个关于比例的小问题。就是这个小问题，曾经兴盛和衰败过多少个地方。一个区域的复合结构模式，可以有各种不同类型。但是，都

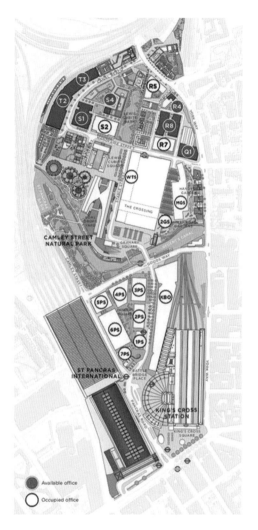

国王十字功能图

无法摆脱至少安居乐业这四个要素，实际上应该还至少必须补上教育，医疗这两项。渐渐地国内开发的决策都能听得进去这个意见了，但是马上就面临着被提问这样一个问题——比例。

有趣的是，这个比例中最没有争议的就是，引入的产业部分可以越少越好，而住宅越多越好。人口红利是中国发展回避不掉的一

国王十字功能结构图

个可以利用的资源，但是人口红利是人口聚集的生产红利还是人口聚集的消费红利，前些年有过各占上风的拉锯。能够引来居住人群是不论产业还是商业的基本利好，那么多到什么程度就适合持续发展呢？

可以简单援引官方的示意图，可见，其中超过一半是办公楼。1/4是住宅，各10%的教育，文化，商业配套。在这里图示的办公楼是我们在国内通常所述的产业和商业容易模糊的地方，可以看做是两者交叉的。

回看

至此，我们看到了"国王十字"在20世纪80年代有了更新意向，到2020年这四十年来的逐渐发生过程。更集中的规划建筑时期发生在最近的十年。十年来，这个区域保留了原有的最有特征的主要历史建筑和以它为核心的群落。依靠引入学院来建立了功能更新的第一步。依靠小型广场的改建来改善区域的直观感受。最重要的是依靠改造了旧有车站建立起了交通枢纽这个核心。单独依靠一个重要功能是双刃剑，很多建设中努力挖掘核心资源。但是核心资源面对一个人居环境的时候最适用一个成语——独木难撑。"国王十字"理智地开始围绕车站和学院展开了一个系统性的网络化节点，互为支撑。最终用大量的商业建筑包括办公楼、住宅、酒店、零售完成了丰富和有产业纵深的结构。

从建设方式上来看，包含了保护，修缮，整饬，立面修饰，更换局部，改造内部，加建，拆除，拆除新建一系列标准更新的方式。整个的建筑风格，以古典的车站和运河岸边景观改造开始，以粮仓广场的厂房改造为接引，以储气罐公寓和运煤场改建为高潮，以各种新建筑为结尾。每一刻都没有一个单纯的新或者古的纠结，而每一刻联立起来都可以看出颇具整体系统性，互相关联，新旧交融得体。即使是国王十字的车站也是用钢结构大胆地与古典建筑无缝对接，每一处都是贯彻着熟悉与陌生的交织。

这一点看似属于建筑设计门类中的选择问题，实际上，这选择将会很深远地直接影响到区域的吸引力乃至振兴的落实。

无论顶层设计和策划构想多么合理正确，最终还是需要规划设

国王十字车站内景

计者能够领会其中奥妙，作出美好的物理空间。一个切断当地历史
脉络的时尚国际化和一个僵化的过度再造复原式的历史辉煌片刻，
都不是更新的态度。比较起来更容易产生误解的方式是复古式的再
造，好之者多热情追捧为历史的重铸，反对者多鄙为假古董，有害
无利。

看待一个工程是否合宜，大概不能单纯只从审美喜恶出发。一
个舞台美术影视城一般的古城或者古街区再造，是一个空间对于消
失了的事物的投影，对于旅游来说是具备一些带有时效性的宣传魅
力的。对于当地的原住民也具有回顾记忆带来的熟悉亲切感受，只
是这种亲切感建立的根本也仍然是生活在别处的幕布造景感受。文
化的彰显不仅是过去的辉煌纪念，更是这个文化能够扎根生长，影

响居民精神气质和群体凝聚力。生于此处长于此处的更新区域原住民除了感情需求，更多需要的恐怕是资源的再注入。

那么一个能够团结凝聚当地力量，又能够有说服力感召外部产业、资本、人群的到来才是一个设计形式的最高需求。

"国王十字"的案例不是孤立，在伦敦其他的区域，例如东部的"here east"。它本身是新建了一个区域，但是比邻着哈克尼维克村。与老村的老野生艺术家们一起互动着完成了一个乡村和边缘区的更新，内容也非常丰富有代表性，我们以后会介绍到。

在美国也有类似的地区，但是走了一条并不太相同的更新之路。并且，在我们国内也有着不少案例。这些过程都值得我们穿过简单的外形外貌，洞穿设计的形式感高下，去思考为什么会有这样的设计，该有什么样的建设。

"东方" 不败

—— stratford 奥运的新城代谢

本篇介绍了伦敦东部新区Stratford地区，近年来依据奥运会的兴起展开的对于城市边缘经济不发达地区的更新一集发展现状。并且延伸介绍了随着该奥运新城地区的发展，发生了顺势改造的Here East工业文化区。继续延伸介绍了Here East区对岸的Hackneywick村。该村伴随Here East工业文化区更新而开始将其十年前自发开始的艺术家驻村之状况再次更新。本章的介绍，提出了边缘区的产业混合，功能复合，人口置换等更新的规律和现象。

很多年以前，有一个横跨城市规划和建筑设计的学派，叫作新陈代谢派。

学派主要的组成人物是日本的几位声名显赫的建筑大师：丹下健三，还包括槙文彦、菊竹清训、黑川纪章。他们主张城市不是一个静止的建筑集成平台，而是一个由着自己不同部位不同生命周期的类似于生物一般，有或长或短的生命周期（cycle）。并且，还提出，下一阶段的城市社会进步要换个打法了。

新城代谢

丹下说道，在向现实的挑战中，我们必须准备要为一个正在来临的时代而斗争，这个时代必须以新型的工业革命为特征……在不久的将来，第二次工业技术革命（即信息革命）将改变整个社会。

换用如今很时髦很高级的词句就基本类似于，硅基文明城市置换碳基文明城市。这个城市更新的概念，现在回顾，几乎可以用观念这个词来置换了。

置换城市功能，要置换城市密度，要置换

80年代无线电话：大哥大

建筑构件。这是城市更新的最基本要素，后来实践发现，物理环境的置换迅速地带来了人口的置换。从而改变了区域的文化气质甚至生活习惯。这种人口的置换是优是劣，以后引发了一个更加争论多端的话题。

新陈代谢派今天看来似乎是无须详解，天然正确的名号，这还需要一个学派吗？要知道这在几十年前，世界还处于一个彻头彻尾的工业社会。连一个被称作"大哥大"的板儿砖一样，模拟信号的移动电话都还没见过呢。

能够提出用信息化的科技来作为下一个城市发展的建设阶梯，实在属于高处的远瞻。前些时候，看清华大学周榕老师的访谈，问及人生有何憾事，周老师低头沉默片刻，望着天花板似乎是喃喃自语地说："认识到碳基文明终将被硅基文明所取代的时候太晚了。"

如果是城市是新陈代谢的，那么永不为晚，持续更新。怕的是，有人问起，沙漠的那边是什么？回答的人说，沙漠那边是另一片沙漠。更新没有展现与时代进阶紧密相关的共振频道，而一再重复地区旧日的历史荣光，不管它是否消散。

这种消散多半是因为技术或者文化方式已经不是当下的主流。不得不改变当日生产力的主角角色告别舞台，或者留在舞台上成为了配角甚至龙套。配角和龙套一样也仍然是可以光彩夺目，令人扼腕赞叹。但是，是不能再次主导一场大戏的剧情走向。

一场区域的更新大戏，在众多的策划评审中，我们看惯了各种复刻旧日景观，着人扮演皇帝穿着新衣，游街而过。似是旅游产业的活化，实际上，这是对于游客所提供的不存在于当时当下的新奇体验。生活在别处，是符合当下消费文化中的一部分猎奇，而能追得上当下生产生活的真实生产线，是表现外皮之中的内核。这一场复刻如何判断和拿捏，是另一个我们要专门谈的话题。

如今的新陈代谢派已经鲜听得见，当时的主将也纷纷传了衣钵给下一代或者下两代弟子继续前行。而当初的新陈代谢思想如同自己本身名号也被新陈代谢，更新或消失了。消失的一个主要原因被认为来自对于信息化社会究竟意味着什么样的建筑更迭，在60余年之前，确实很难具体预见。建筑师不是科幻小说家，站在一个机器生产大工业时代要表达互联网时代的城市生活使用方式和企业类型、产业规律，也有点强求。更何况，建设本身历来就是一件机器生产制造业主要板块。然而，对于更新要时刻追寻乃至符合当下甚至预见的产业方向、技术趋势、生活方式，这个主张的种子已经播下。

原地置换一个建筑乃至一个建筑群，对于中国的砖木建筑来说是非常符合东方的、不求永久的建筑材料逻辑的。对于更新的建筑形式，追求文化的传承还是跳脱，追求消费文化的碎片化使用还是干脆就去追求建筑的不确定性，是建筑设计中的传统项目。

而我们今天要谈的这个案例，虽然名字叫作东方，但是设计一点也不东方。它确实做到了巧妙地借助了产业和技术的变革，完成了一系列的区域更新，内容和所涉及的话题如同更新的教科书一般。

"Here East"中文名字意思是"到东方"，是伦敦东北部的一个……我不能特别准确地给他一个名词……就叫作区域吧。因为这个地名本身也是因为这个更新才流星般鹊起的。能够用一个动词作为一个现象，这应该是规划者的光荣。

在到达"东方"之前，我们首先到达的是Stratford地铁站。

Stratford东伦敦的传统制造业区域，也是一个"败"过的地区。所有的衰败区域都有同样的表征。产业凋零，设施破旧，人口外泄，治安混乱。直到迎来一场盛会，反败为胜。

会展

更新，总是需要一些契机。大型会展是一个天然不冻深水港。尤其是像奥运会这样的。这些大型的会展会引来大量的瞬间人流，几日之内，熙熙攘攘。然而，再好的宴席也有曲终人散的那一刻。每次高光时刻带来的信息和关注度的汇集，是契机，也易散。

如何在会展布局初期，就能够较好地配置会展建筑之外的产业生态集群规划，做到人走茶不凉，持续有更新机遇展开，是很多新城新区的刚需。

开好一次会，带活一片区，是最基本的要求。

奥运会是一个盛会，盛会都是很昂贵的。2012年的英国奥运会把昂贵的投入放置在了伦敦东部的Stratford，这个地区是相对贫困的区域，奥运主场馆设在此处，人称"伦敦碗"。在奥运会之后2016年成为了英超球队西哈姆联队的主场。西哈姆联队每年支付200万镑的租金，但在平时还会继续用场馆举办文艺演出。英超的比赛日会有大量的球迷涌入这个地方。

Stratford在场馆周围兴建了大量的酒店公寓，住宅，学校。还设立了一座巨大的商场"Westfield city"，有的说欧洲最大，有的说欧洲第三，不论第几，都是很大。当然，这是相对的，它的商业规模基本是一个北京的"shopping mall"的大小。

这个新的更新区域，选在了奥运场馆的一箭之地，而不是贴近更南端的老Stratford小镇。所以很明显，这个商业服务不是为了

图源：足球之旅：我在伦敦体育场看了场西汉姆联队的英超联赛

Westfield city高场内景

原住民的利用最大化作为出发点的。这个商场的设计是连带着周围的各种商业配套一起聚集。中心是"mall"，旁边是遮光顶棚的步行街。街上有体育休闲设施，乒乓球台从不落空。街口有几个酒店，分别是一个类似四星，一个我们最喜欢用来打地产擦边球的公寓式酒店，酒店下面有一连串的餐馆酒吧。这一切都那么熟悉，国内的过去的商业综合体基本都是同样配置，唯一学不来的是，它们配有一个英国最大的赌场。

奥运之前，来这个地区会有安全建议，例如过了哪条街再北就最好不要前往一类的。奥运后到现在，这个集中区域的确常年人流密集。白天的时候，我还是能够放心大胆地在街上走路的。

这得益于，这个偏离市中心较远的地区，轨道交通相当便利，在它的周围围绕着不同线路的三个站点。也得益于这个更新项目组合了不同种类的生活便利和娱乐消费。以这个消费中心为核心逐渐展开了居住，公园，学校和工作。

不过，假如是在街头，偶遇一群无所事事的放学后的，哪怕是女生，你也要稍微留意，买票时候柜员机的找零会被他们装作不经意地一抹而去。从此点看来，引入人口和置换人口仍然是一个与建设时序有所延迟的另一个话题。

同时可见，学校的建立和教育质量的品控，是一个区域气质的深层保障。Stratford的现状学校是一个基本没有历史脉络的现代建筑。如同大多数的小型学校一样，它们仍然是没有校园，更加没有围墙校门的。学校的安全封闭依靠的是建筑本身的门禁系统。

如果把Westfield商场和地铁站看作这个片区的核心。那么酒店，办公，配套服务，就成为围绕着这个核心的周边。在这外围就

Westfield商城内部

是北侧这所学校和它所服务的一大片高层住宅区，与核心南侧的小镇联合构成了外圈。这个庞大地区没有出现一条我们在国内评审会上屡见不鲜的超级发展轴线，没有一条特别古典振奋人心的巨大林荫景观大道。而是依据着一个类似于美国西海岸尤其是硅谷区域的圈层结构展开。

圈层结构并不是一个著名的失败电影中的那么形象的圆环套圆环宫殿，是一系列的建筑布局形成的功能布局。

圈层很难用激动人心，伟大工程这样的词汇来形容的。处于一个人眼高度而不是飞机视角，人们对于一条直线的识别性是远远大于一个圆环的。所以，圈层结构是很容易在现实中被忽视，没有存在感的方式。但是，它是奏效的，尤其是对于弱流区域。究其原因，

Stratford街区小学街景

Stratford片区结构分析图

第一，弱流区域需要的是一个紧凑形式，抱团取暖，将有限的资金建立起来的建筑功能聚集，将有限的争取来的人流聚集，就是讲有限的出现的微小热度最大程度显现。第二，圈层结构能够更好地匹配工作、居住、服务的协同功能，提高效率，提供便捷的生活感受。

　　Stratford地区的建设到了2019年已经初具规模，并且能够看

电影《无极》中所作圆环形宫殿

到还在紧锣密鼓地继续进行。在欧洲很少见的是，一路走来，到处都是还在施工的工地，塔吊林立。

街道上围着工地宣传栏板，栏板上写着各种口号。内容是，说这里是一个充满机会和希望的地方，有国际化学校，有国际化医院，有国际化住宅，有国际化设施，有国际化生活。一切都那么面熟，宛如走进了国内一个三线城市的高新区。也有售楼处，不同的是，没有那么富丽堂皇，看规模，会误以为是一个面对新区居民的就业介绍所。

就业是一个不论新区多么国际化，都无法回避的基本问题。提供什么样的产业机会，是更新的核心动力。从前在研究产业园区的过程中，在《产业·人居·小镇》一书中曾经提到过，优秀的商业综合体提供的动力是人口红利的消费部分，更像是一个黑洞式机遇，会吸引并逐渐消耗。而产业部分是一个油井性机遇，会集聚并逐渐增量。二者的配合不能偏废。

Stratford片区改造鸟瞰

Stratford街景

Stratford的整体圈层结构的相当外围边缘，曾经是一片有制造业但是已经衰败的地块。步行过去要30分钟以上，可达路径在两公里多。从距离上看，与消费核心区难有关联。但是就是依据着奥运建起来的超大的奥运广播媒体中心用房，对它进行了迅速而又鲜明的建筑改造，后续展开了一次自成组团的更新。这个组团成为了Stratford圈层中一个蛙跳式的新单元，以崭新的产业导入为主，在大圈层中建立小生态，缩小规模但复合功能，自成系统。同时又与周围的体育场馆，商场附近的住宅，以及自身附近的村庄改造连成了一个生态。这个更新的规划以及建筑设计都颇多亮点。

"Here East"，就是这个地方现在的名字，逐渐响亮。

图源：伦敦的Here East创新社区：功能转型的创新区典范

混合

"Here East"片区在奥运期间，设置了一个能够容纳两万人工作的媒体中心。北侧的三栋半包围格局的巨大广播办公与南侧"copper box"（曾作为手球赛场）一起构成一个完全是工业园区尺度的建筑群落。那时候，也仅仅是个建筑群落，并没有形成日后的创新社区。

这个工业园区似的巨兽，蹲伏在主场馆北侧，依靠一条奥运主题的休闲景观带以及荒草丛生的运河缠岸绵延连接。景观带里，不时出现一些利于儿童使用的节点状的活动场地。然而，实际情况是，并没有多少人在其中步行。因为，"Here East"仅仅是一个服务奥运的外来记者工作营地。

奥运后的"Here East"面临瞬间从容纳了两万人到归零的可能。这个新的工业园区立刻就面临老旧工业园区的传统问题——工业遗存的更新。这是一个特别有趣的现象，工业遗存的改造更新我们并不陌生，然而多是面对旧有的废弃的工厂，对于一个新建的巨大体量纳入工业遗存更新的角度来再开发，可见是多么灵活。这从开发者的名字就能看得出来——伦敦遗产开发公司（LLDC）。

奥运会之前，我们记得伦敦碗的设计是短杆件结构，利于拆除。一个宣言是要在奥运会后将伦敦碗拆除，留下一片活动空间供人游玩。言犹在耳，看起来是要关照大众的计划，最终被遗产公司改变，作为一系列建筑更新，功能置换开发行动。看来在这个从前贫穷的地方，授人以一大片空地，还是不如授人以一大片产业机遇可贵。

"Here East"区域的奥运手球馆改造为了一个社区体育中心，可以健身、羽毛球。曾经用来做广播中心的建筑，分为了五个单元，内部做了办公室，宽敞高大的室内加上之前留下的先进的媒体线路和电网设施，非常适合新媒体和视频广告公司、电视转播等。其中

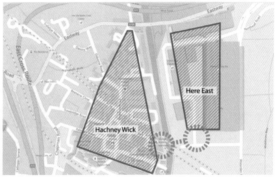

作者为 Here East 与哈克尼维克所作分析图（王珊绘）

伦敦奥运主场馆

还特别引入了两所大学。

　　"Here East"是用一个复合功能的土地使用方式进行，并且用非常交叉融合的规划布局。在这里布置改造了大面积的办公楼宇，也引入了大学，建立了小型商业服务网点，体育活动场地，建设了一所小学。并且毫无意外地，我们也看到，现在开始了公寓住宅的开发。

　　图中所示为大办公楼旁边建设中的新住区。

Here East 街景

Here East 与哈克尼
维克的地图分析

真是麻雀虽小，功能俱全。并且在集中紧缩的建设用地中，各种用地交叉融合在一起。混合的功能配套减少了生活和工作的距离，增大吸引力以及对于人口的黏留能力。

这种紧缩而且混合的多功能用地方式，在国内也逐渐从排斥到接受。我们的实践中，不断总结着适合于国内土地政策的混合更新的规划策略。中国的土地没办法过于细分，而混合用地的混合属性

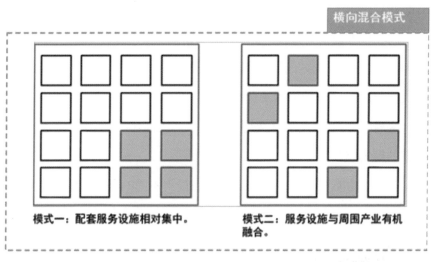

横向混合模式

模式一：配套服务设施相对集中。

模式二：服务设施与周围产业有机融合。

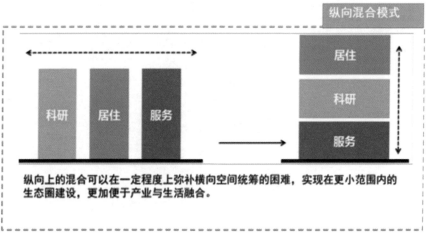

纵向混合模式

科研　居住　服务

居住

科研

服务

纵向上的混合可以在一定程度上弥补横向空间统筹的困难，实现在更小范围内的生态圈建设，更加便于产业与生活融合。

作者自绘园区土地与建筑复合使用示意图

以及混合比例对于一个庞大国土面积来说，做不到立刻精准和立刻放开。所以，用小地块宗地继续承担原有的土地平衡表中的用途，只是改变位置。

比邻而居！麻将牌一般的比邻而居，成为了目前可行的一种探索。

除了平面上的土地混合，"Here East"对自己所持有的巨无霸建筑物做了多功能分成小单元的综合体布置。完成了进一步的纵向上的混合。

在北京的延庆，2016年曾做过一次有益的实践，对于中关村科技园远离北京主城区的一块飞地。在同样紧缩的用地内，完成过一次横向和纵向双重的混合更新模式。

这是一个能被大家直接通过看图就明白的国内案例，不是常态习惯的规划结果。

这其中功能方面与"Here East"有最大不同的是，这里没有大学。

策略1 _功能混合：最小化的服务半径，最大化的需求覆盖。
■由功能分区到功能混合模式的转变

采用混合布局的规划方式，以满足科技产业研发、产业人群及其家属的使用需求为目的，营造产镇融合的小镇模式，形成集产业空间、现代服务空间（生产性服务与生活服务并重）、宜居空间于一体的科技小镇起步区，并打造以城市客厅、创业大街为代表的共享空间体系。

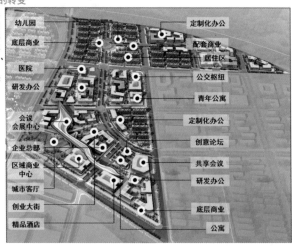

功能规划简图

大学

"Here East"区域引入了两个大学。又一次，我们看到对一块需要把人气迅速拉动的土地所做的引入动作是大学。

大学和艺术永远是一个旧区重生的好朋友吧。

我们从之前对国王十字的研究中就曾经看到过得这一个引入新的产业和人群的动作，又出现了。实际上，随着我们不断地展开研究，会不断地看到大学和艺术的身影。也就不断地会看到大学生和艺术家们的身影。

"Here East"引入的是拉夫堡大学和UCL伦敦大学学院。这两个大学的引入也是非常经典的对区对位。

和圣马丁不同的是，拉夫堡大学并不是一个艺术学院，用我们熟悉的描述应该是理工综合985。

拉夫堡大学历史悠久，是英国最杰出的大学之一。它的特色在于这所大学除了教育科研很出色，而且向来与商业界和工业界有密切的合作关系。大学的专业领域中艺术和设计类在世界前五十名内，它的体育专业更是一度名列前茅。商业、工业、艺术设计，这三项是一个生地进行开发的优势板块。而在"Here East"区域的出发伊始是依托临近的英国奥运会这个重大体育主题。所以，它的体育优势更加让拉夫堡成为了看上去接近为此地更新量身定做的最佳选择。

2015年，拉夫堡大学伦敦校区开始研究生及博士学位授课。研究生课程包括创业创新管理，数码科技，传媒与创意产业，动画，体育管理以及外交学。除了外交学之外，我们都能看得出这几项专业的从业人员是非常符合"Here East"发展的需求的。

UCL则是在这里建立了建筑学院，在巨型建筑的一个单元内，它们有一个类似于工厂内部的实验室，有大量的动手制作的设施和陈列。如果解释为一个木匠培训基地，我也能相信，着实令人兴趣盎然。

Here East工厂改造大学室内，图源：www.ucl.ac.uk

这个巨型的建筑是"Here East"主要的更新对象之一，以前的奥运广播中心基地，内部进行了改造。

巨构

广播中心的建筑更新方式，是在既有的建筑上作了一番外科手术。原来的建筑是一个280米×140米的大建筑，这样的建筑，可以称为巨构了，在大型的工业建筑中常见。

22米的室内空间分为了两层各11米的高大室内。外侧是办公，核心是录影棚。对于这个办公建筑的外立面首先是从窗户入手的。从前的窗户基本上可以说是没有窗户的状态。在作为广播中心使用时候当然是方便合用，但是成为新的办公室，首先还是改善照明。这种从门窗入手改造建筑的方法是最为常见的捷径，同时就一体改善了建筑的立面景观。立面景观改造的尺度和色彩以及材料的利用也是尽可能时尚和广告化。

室内11米的挑高空间对于办公室来说是太过高大。11米意味着什么呢？我们做羽毛球比赛馆的高度要求是12米。苦于日常写字楼动辄就不足3米的装修后高度的我们，也会觉得坐在一个羽毛球馆里办公同样不太适应吧。所以，更新取得了许可，在建筑的室内可以增加夹层。增加了夹层设计师并不满足，这个建筑太长了。于是分为了五个出入口。每一个出入口顶部都切断了楼板，营造了一个

Here East 工厂改造街景

Here East 工厂改造室内

通告的中庭，并在中庭上对应地建立了天窗。这样从前的一个偏向工业的一个产业用房，具有了民用建筑的节奏和愉快的光环境。

有趣的是，这几个门厅的名字都使用了"纺织厂""钢铁厂""木器厂"，等等，我初到门前的时候提前了十分钟，接我的引导职员还没到，我看到名字困惑了一阵，不是说都改造为新媒体和视频公司了吗，怎么还有纺织厂呢?

这些名字的命名不是起着玩儿的，是有着地区历史文化来源的和代表着一种更新的观点。适用于更新的硬件之上的一种软性的文脉传承，与旧有文化的传承。这个地区的工厂名字基因来源于从前这里曾经有一个制造业辉煌的历史时期，至今与这座庞大的时尚建筑隔河相对的，仍然是一个老旧的保留的村庄——哈克尼维克。

Here East 片区企业工牌

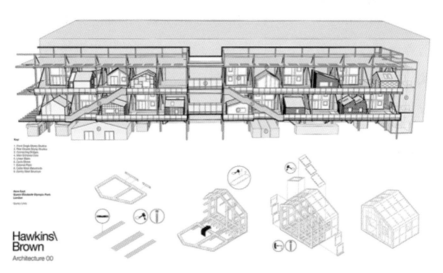

Here East工厂改造设计图与街景，图源：https://www.hawkinsbrown.com

从前有部电影的一句台词给我印象深刻。剧中曾经的武侠从冷兵器时代进入了火器时代，他放弃了原有得被誉为神鞭的武器，变成了神枪。说出了令人惊艳的一句："辫剪了，神留着，这一变还是绝活儿。"

"Here East"广播中心的上述的设计是一个成熟的意料之中的改造，而真正的神来之笔，在背后的钢架，可说是建筑改造的一个杰作。

巨大的，如同货架的钢结构曾经承担着无窗时期的通风管道，如今有了窗户，没了管道。设计师Hawkins\Brown事务所将这座"钢铁货架"升华为一个容纳不同种类的工作室的"货架"，将一系列造型色彩各不相同的小房子摆放在如同街区布置的三层平台走道上，加上景观，宛如空中街区。

这些工作室的外形多样，也不同程度地参考了过去两个世纪中在"Hackney Wick"村庄中一些制造业建筑特征，以此向曾经的辉煌机器制造致敬，以此向曾经辉煌的区域的历史说传承，以此与仍然在河对岸的留有记忆的村庄说欢迎。在一个大办公室侧设置了小型工坊，用相对独立的群体形成了一个有共同领域感的整体。

做到了似是过去平面聚集的作坊街区，如今改为了空中村落。这是一个高明的文化延续。

这个作坊群的出现不仅仅是延续加强了文化，同时提供的是一个对于大型办公空间和不同企业需求的规模性补足。

生态

我们要谈的生态，不是自然生态，不是山川河道，是产业生态。

从前的，建立在马歇尔的产业聚集理论之下而讨论的产业区域内的观点，容易关注于产业链上的直接供给关系。以一个或者两三个旗舰企业为绝对主体，其余企业依照产业链关系逐次组织占据空间。这在机器制造业时代发挥着绝对的效率优势。

在最近的几十年中，制造业随着互联网技术的进化而进化，开始能够从大规模的集中生产增加了智能化的反三生产。这些制造商将网络与智能硬件结合，使得小公司甚至个人迎来了以前无法实现的快速方式来创造生产的前端研究和定型化工作。从而继续发散，从前端变为两翼，一边做生产性服务业，一边得到额外的机会，来横跨不同领域。越是分散，越容易出现，我们热衷提及的——跨界参与与服务。从产业链的研究到产业生态的打造，是一个瞄准目标是企业还是企业集群的生存环境的改变。

分散、共享、平等。

此刻，回想起丹下健三先生在20世纪50年代所讲的，关于新陈代谢学派的那一番话。跨过了几十年，站在Here East，面对着钢铁货架上的空中村落，以及接下来要谈的创客中心楼宇城市，我们需要向当年配有望远镜一样能力，立足当下而能看到寻常不见的远方的前辈，致敬。

"Here East"的计划不仅是吸引大型的龙头企业聚集，而是建立一个能够形成产业生态系统，持续自组织发力，从而重振这里曾经的多重制造业和人口容量。

几年前对美国的产业小镇在1990年左右衰败与复兴的过程研究，我们曾经总结出它们的一条规律，所能长期依赖成为产业磁极的，往往不是当下的巨型企业，而是多种业态综合的中小企业系统。(《美国非著名小镇的死与生》)

对面的传播创客中心"Plexal"，比邻河岸，是一座6000多平方米的三层小楼，改造为了创客办公，面对的是小型的灵活的创新创业企业。双创和共享是国内最为第一波就与国际潮流同步起来的业态，在伦敦更是多见。"Plexal"运用了混合中的建筑物内部纵向综合的思路，对待建筑室内设计，如同对待一个小型城市。设置了咖啡、超市、会议室、路演舞台、内部的商业街、图书馆，甚至儿童活动区，更甚至还有中央公园。

图源：伦敦的Here East创新社区：功能转型的创新区典范

因为年轻，这个建筑中容纳了很多有趣的公司，业态包括了体育，智能硬件，物联网，时尚艺术，经常举办小型活动。

这种将一个大型建筑用城市设计的角度来看待的方式，可以追看美国的Facebook总部。大师盖里将一个庞大的平层建筑在延展层面上划分为了很多组团，他用街区的模式来看待各个办公部门。

Here East 公告牌

看待各个办公部门。室内开敞互通，作为室内设计还增加了很多街头的景观，类似城市家具的摆放。中央公园设置在了屋顶大花园。Facebook，虽然叫作总部大楼，内部实则是一个小型城市。

图源：Facebook的办公室标识长啥样？一起来看看

2019年，"Here East"的办公楼宇的租户已经入驻了英国电信体育（BT SPORT），Infinity SDC数据，福特智能汽车研发中心，时尚设计公司，还有一位名满欧洲的舞蹈编导舞蹈家的工作室。这些林林总总的公司，或大或小，在一个区域内多元共存。但又同时同向地构成了一个机遇互联网的，智能生活的，充满艺术与创造力的主题。福特的智能汽车研究的入驻非常明显，它看中了这里创客的氛围，以及有几分体育主题的，半乡野的生活模式，据称是几个可选择对象中最被它们的40位科学研究者心仪的。并且别忘记，我们之前所说的拉夫堡大学，一直以来都是福特汽车最重要的合作研究伙伴机构。而"Here East"还托管着SDC的数据服务中心，多路的11kV电网保障，使得这里成为全英国乃至全欧洲网速和数据安全最优之地。

图源：足球之旅：笔者在伦敦体育场看了场西汉姆联队的英超联赛

这个系统的因子集成吸引了机构的注意力。

按照预期，"Here East"将创造7500多个就业岗位，创造4.5亿英镑的GDP。

创客中心的建筑更新是极为克制的，本着适用优先的策略，对其立面和装修远没有那么宣言化。但是刻意地将沿河的一侧底层改为了咖啡和活动室，结合了河岸边的花园，成为了一条商业界面。经常是三五成群地聚集在岸边交流休闲。

有趣的是，河的斜对岸，也是三五成群聚在一排休闲酒吧里，但是氛围完全不同。那里由看上去很旧的钢管、波形板搭建而成。桌椅也是没来得及打磨的粗糙木板。墙面上充斥着色彩艳丽、反战的涂鸦。

那里是一个村庄。

乡村

过河就是哈克尼维克（Hackney Wick）。

在英国，名字叫作Wick的一般从前都是农场或者奶牛场为业村庄，或者是因为表示诺斯语系，而称呼小港口。这都符合哈克尼维克的悠久历史，这里发展过港口制造业，衰败后一度成为黑帮啸聚的无人过问的城郊村落。

后来因为纺织业，布料作坊兴盛带动了时尚，之后聚集起来大量手工艺者和艺术家。

我第一次去"Here East"的时候满以为哈克尼维克已经基本上荡然无存了。于是顶着大太阳转到了河边，河边都是粗糙的瓦砾地

图源:《脏乱差炸鸡区？告诉你个不一样的Hackney》

面，杂乱地长着草。河岸靠边停着一长溜住人的船屋。有童车有花盆有狗。

当我提起哈克尼维克的时候，给我讲了一路产业更新的伦敦小朋友，会心一笑，认为我对野生艺术家们感兴趣。于是指给我方向，被桥挡住视线的河对岸就是哈克尼维克。

很近。又很远。

在过桥之前。我和一位村内的居民谈了一些关于更新的话题。

这是一个有孩子的妈妈。为什么我会知道她不是公司的员工而是村内居民呢？因为她告诉我说，她要走一段路去坐某个公交车去Stratford转乘地铁。我分明看到身边就停着一辆巴士，写着去往Stratford。但是她不能坐，因为这辆车是用来转载公司职员的免费

Here East河道景观图

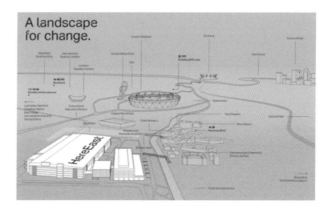

图源：伦敦的Here East创新社区：功能转型的创新区典范Here East功能结构示意图

通勤车。

她给我讲了，感谢"Here East"的更新，带来了新的片区，新的社区学校，新的幼儿园。这些都比原来村里的教育质量高，他们都愿意过河来学校上课。如果要有一个新的医院就更好了（村内现有一个医院）。现在的治安好多了。以前，这里很多人持枪，走在街上不大安全。关于街头治安，我问她持枪的事，她告诉我说，哦，那基本上是2007年之前。

2007年，没多久远嘛，基本上就是伦敦开始为了奥运会做基础建设准备的时候。

这名村内妈妈的谈话反映出了乡村更新区域的两个重要指标，儿童教育和街头治安。这两条也是一个区域是否能够健康成长，吸引到企业人口的重要因素。也就是，代际平等机会与组织管理能力反映。对于乡村来说，外来的资源注入，要在很大程度上去考量本地资源的利用程度，以及在地管理保障能力强弱，是否能够使得利用过程正常进行。

在"Here East"我并不理解为什么奥运之后，这里多了些公司，就会让街头治安大幅度变化。这不是一个简单地给原有居民提供了职业收入，从而游手好闲铤而走险者消失的解释。因为我看到在"Here East"的庞大办公区中，并没有多少像是哈克尼维克的本村村民。

通常，一个原本贫穷的村落身边出现了大量的文化和收入完全不同的新人和公司，并且他们看起来还像是一个完全自组织的新的共同体，那么二者间的冲突似乎是不能避免的。这可以归咎为类似于亨廷顿的"文明的冲突"的缩小版，文化和生活习惯的冲突。也可以认为，所有的文化的冲突都有可能是来自资源的支付与受益。

第一，"Here East"的办公区提供了能与隔河相望的村落共享的一部分服务配套。我相信，路过看到的社区学校基本不是为了伦敦城来的大学生和数据工程师们使用的。这一定是能够用来与村落分享的部分，并且对于村庄妈妈可能非常有用。但是，我们其实也能看到共享的约束与隔离。那个漂亮的，红色的，在阳光下闪闪发亮的去往Stratford商场和机场快线站的穿梭巴士就是。村内居民要绕一点路去乘坐338路公共汽车。这种隔离之所以没有引发巨大矛盾，是因为交通本身不是哈克尼维克的短板，不算重要资源付出。但是村内土地房舍呢？

第二，哈克尼维克在"Here East"来临之前就有过了一次自发的村内人口置换。

如今的更新，绕不过绅士化问题。绅士化究竟对于一个区域的经济复苏来说，是良好的愿景得以实现。还是换一个方向，从社会学角度，认为对于原住民失之关怀。是能够通过更好的更新方案来二者得兼？这个问题不能简单笼统得到正解，有着很强的地域和时间考量差别。

哈克尼维克起初的人口置换，不能称之为绅士化。当时，进入

哈克尼维克村庄街景

的是艺术家。又是艺术家！就像我们在刚才又看到大学一样，这一次又看到艺术家作为最先端的人群出现。看来有山有水，又不那么富有的地方，如果恰巧有个把旧厂房的地方，简直是艺术家的首选。这里谈到的艺术家，仍然是我们上一篇文章中谈到的，没有任何不尊敬意味的野生艺术家。他们进入乡村和旧的工坊，进行他们热力四射的室内创作或者街头创作。很明显，他们改变了村庄的生活文化。

对于英国一个郊区的村落产业和人口的更新过程的观测，是希望能够找到一些规律、经验或者教训，给中国正在一把拉开大幕的乡村振兴作为参考。

这时候特别想知道，在同样有山有水，同样不那么富有的中国乡村，有没有类似的废弃的工坊和厂房？

艺术家们给这里带来的不只是有涂鸦，还有着手工艺者的创造性工作，艺术家们的收藏习惯和朋友圈。手工艺者的工作在20世纪曾经是能够振兴乡村产业的主流渠道之一，一度被称作"弹性专精"，从意大利（被称为第三意大利）乡下发轫，传到日本乡村。直到今天，还能在国际市场上看到踪迹。只是在互联网参与电子商务之后，轻易地扩大了采购销规模，弹性成倍扩张，专精不知道能否保持了。

艺术家的聚集，带来的除了手工业（也算二产与三产之间）以外，还有越来越多的聚众娱乐，甚至餐饮旅游。一个与现实不妥协（或者是号称）的生活方式，这对于年轻人来说是极具吸引力的。所以，哈克尼维克与"Here East"来的创客们很快就交融了。越来越多的对岸的媒体人和数据工程师喜欢住到村里。于是也有新的办公室开在了村里。

于是，我可以看到哈克尼维克十字路口的奇景。

一端是一个老房子，主人有一个修理吉他、搜集老唱片的艺术家工作室。

哈克尼维克村内艺术家工作室内

一端是一个著名的存在了很多很多年的空置的老房子，画满了艳丽的涂鸦，已经成为了传奇。

哈克尼维克村庄街景

哈克尼维克村内改造街景

　　再一端是一个正在施工的工地，打算在村里再改建一个工作室。

　　然后是，街角新落成的，著名的"Bagel Factory"共享办公空间。是的，就和河对岸"Here East"一样，这里也建了创客中心。哈克尼维克的核心腹地，与"Here East"共振了。

回嵌

这种共振必将伴随着原有土地资源的转移和人口的出入。英国对此持积极态度的描述是，新增量人口进入哈克尼维克的现象。他们认为，创客们的出现对于这个城郊村落来说是从前手工业传统的纺织业时代有过的文创力量的延续。仍然是属于一种传承和发扬。对于乡村，地缘环境尤其重要，将直接影响着本村对于新产业新人口的承载耐受力。

能否用一个引入产业的方式来对待乡村更新，最好的答案是就一地论一地，而不是定一个是否关系，全都复制。用中国农村这个巨大名字作为前导的主张，样本太过庞大，失去了规划设计这个操作层面的战术指导作用。我们曾经听到过，主张中国农村就应该是完全农业，希望回到曾经的纯粹农耕时代，不能引入产业，更不能引入城市的资本力量。这样的初衷大概是出于看到一些被置换人口后的乡村损害，和担心农村的传统人文社会结构就此被冲垮。不过，大多乡村可能已经不再是从前的鸡犬相闻，昔日的村约规则建立在昔日的生产力基础上，昔日的乡村已经做不到再能与城市从地理上疏离。今天想要传送一个信息，已经不再是一匹马带来交给昔日认字的乡绅的一封信，而是一条微信就传遍了所有村民。

2006年中国取消农业税之后，伴随着工业和城市化的进程，出现了一个城市文明和工业文明能够反哺乡村的时间窗口。

城市郊区的村落，最为直接和冲要。从产业结构中的脱嵌角色，回归为一个城村渗透的嵌入系统。分一杯新产业的羹，做好分羹的保障计划。大概就是"Here East"地区的心底愿望。

保障，对于村落的物理环境更新，要求建设有自己的规划设计特点。

规模

城市郊区的村落，归根结底也是乡村，也仍然是一个弱流区域。要更加谨慎，逐步小规模渐进式。"Here East"不是一个完美的案例，但是我们翻阅它在2017年时候的相当于规划宣传公式的文件，可以看到，这是一个尊重了原有的道路，建筑格局，一小片地一小栋房屋的分期改造。

区分了待建设部分，待保护部分，尚未计划部分。建筑尺度大小也是互相协同，而且，还在路边规划了一座新的小学！

2012年之后，展望了2017年的规划，2019年的结尾，"Here East"还在一点一点的建设过程中。

这种方式，对于更新来说，并不是他们自创独门武功。微循环，渐进式，有机更新。从来就是弱流区域的提倡理念，尤其是在旧城，旧城其实和乡村有很多相似之处。我们之前梳理过的更

Here East村内公示牌

新概念，不足以反映它的内涵。看过"Here East"之后，接下去，我们必须思考有机更新如何从理念变为操作办法进入乡村建设里去？

最后，要离开哈克尼维克的时候，经过了村口。看到了几个建筑构成，让我想起2018年的山西沁源县城旁边，河西村和老化肥厂，我和清华大学罗德胤教授将他们进行概念上的联立的那一刻。

哈克尼维克这个照片中的几个构成的景象，是它更新的最好写照。

伦敦哈克尼维克村街景

国外的"农家乐"

——国外乡村旅游建设的样子

本篇介绍了国际国内对于乡村旅游的概念定义和研究分类与发展。比较了德日韩近年来对于乡村建设结合乡村旅游的发展特点。详细记录描述了近年来在美国乡村进行考察的田野观察,列举了东部、中部、南部、西部的乡村旅游景点与服务设施的建设特点。总结出了美国的乡村建设特点 —— 建筑本土化、得体、合用、经济,而非豪华,并不过度追求表现设计形式。

随着乡村振兴展开，产业兴旺的要求和增加收入的需求是首先可以量化的条框。乡村旅游是最容易想到、最多见入手的项目。少投入，有热闹，乡村旅游每个人都一想就懂，一看就会，但是仔细一琢磨又有点概念模糊。

乡村旅游

以往在概念上有人分别表达过几个不同的分支。欧盟（EU）和世界经济合作与发展组织给出的描述很宽泛，秉承着话越少、事越大的作风，将乡村旅游界定为在乡村地区进行的旅游活动。在乡村地区的旅游叫作乡村旅游，这是一个怎么看怎么不会出错的解释。它把旅游这个活动聚焦到了特定的地理范围上，没有细分何谓乡村何谓农村，旅游与乡村的特定内容发生什么关联。留下了很多模糊性。

西班牙学者Gilbert先生深入了一下，认为乡村旅游是旅游者以农村居民提供的房和食物为依托，以农场牧场这种具有代表性的乡村环境作为旅游目的地，开展各种体验娱乐活动的旅游形式。这次深入把地理范围的划分细分进入了农场牧场领域，开始把旅游与乡村内的特殊产业结合在了一起。并且提出了农村建筑、农村食物和服务者是农村居民这三个关键要素，是把旅游与特殊体验联合，而不仅仅是观光游览。把乡村旅游延伸成为了一个吃住互动，但仍然受制于在农业为主要特征的领域内的互动，这大概就是后来最接近我们中国人所发明的耳熟能详的"农家乐"版本了。

对于乡村旅游的延伸没有停止在"农家乐"上，毕竟旅游那么大一个筐，装农家乐才能赚几个钱啊。英国的 Bramwell and Lane 比较了之前学者的研究，全面阐述了乡村旅游的概念。他首先认同之前学者的观点，认同乡村旅游的乡村性，但是其表现方式不是一成不变的，而是根据各个国家和地区的特点而展现。乡村旅游具有位于乡村地区，活动方式能体现乡村特点、规模较小，传统的社会、经济结构以及类型多种多样5个特征。随后，Bramwell 继续扩展了活动内容：并不单纯局限于以农业作为基础的假日旅游，例如自然生态游，在旅游期间以登山、打猎、骑马为主的健康旅游，以参观为主的教育性旅游和以举办民俗活动为主的文化旅游。

至此，乡村旅游渐渐展示了基本面貌，包含了对于社会和经济结构的多样性的认识和体验，包含了自然资源观光，农林牧渔的产业边缘体验，涉及不同年龄的教育和活动、节庆体验。

美国乡村公路

区分"农业""假日"这两个关键词之后，似乎就此画出了曾经流传的所谓"传统乡村旅游"和"现代乡村旅游"的分野。我们不用纠缠什么是传统旅游什么是现代旅游。因为后面，还有一个更重要的分野，会直接影响如何判断乡村旅游应该怎么做，做到什么程度。

国内的学者王兵也对此给出了一个定义，城市居民到乡村来感受田园自然风光，体验农家生活，从而满足自己缓解压力、休闲放松的需求，追求亲近自然的生活，这种旅游方式被称为乡村旅游。这直接引出了一个重要的追问本质的问题，乡村旅游到底是为了什么来的。

他们都说得很含蓄。之所以要去一个不同地方体验，终究是为了摆脱当下。当下累了烦了、城市待着不爽了腻了，甚至自己的村子待的不爽了，都想要换个地方看看。周围的人也看得太久了，干脆去看看农场动物吧。

农家乐本质上不是吃农家饭，是不想堂食也不想外卖了。

人就是这么的容易厌倦，厌倦自己所身处的秩序。在此意义上，有学者从哲学的角度来分析人为什么要旅游。旅游的本质是更换和逸出，表现为体验。实际上与山水风光是否绝佳并无太大决定性要素。尤其是，旅游的根本目的是追求身心自由体验，是逃逸（来自自我补偿的动力，如消遣等）与追求（实现审美、求知、认同、自我实现的需求等）的统一，是一种主要以获得身心补偿、精神自由、心理愉悦为目的的审美过程和自娱过程，是一种精神生活和高层次的休闲生活方式，因此异地身心自由体验理应是旅游的本质。旅游原来是为了逃离。

更别说乡村旅游。

乡村旅游的不同之处恰恰在于其活动地点是乡村，更加是远离城市之处。不仅是建筑环境与城市不同，更加是最接近靠天吃饭、靠身体分层的地方——与文明起源有着相符、与文明兴盛有着相对的地方。在这里，最凸显的东西是山水、阳光、空气、动植物、土壤、风火雷电。人类与生存的关系难得地被我们直接看到，没有遮掩，物质不灭，精神自由。

这让我想起最喜欢的电影类型，各种公路片。不就是自驾游吗？但我认真分析过喜欢它的原因。听到一声贝斯的低沉和弦，在阳光猛烈直射的沙漠边，看到一只蜥蜴吐着信子。有红色的敞篷跑车快速飞驰，经过有变态修理工的加油站。

公路片给我提供了一种陌生的旅游感觉。这是一个使人代入远离城市，远离人类成熟体制制约的电影，是疏离感，是"different"，是陌生，其实是易操作的忘却和抛弃，或是廉价的更

美国乡村公路

换幕间美工布景般的生活假设，或是能收放自如的放逐，或是低成本的对美好幻觉的追求。有一张CD，叫现实中做不到的，由梦去完成，有一本书，名字更棒，叫作《生活在别处》，这五个字可能是乡村旅游短期内的全部意义。

然而乡村旅游真的那么容易吗？贺雪峰教授分析认为在全国60万农村中，最多

只有不足5%的农村具有赚取城市人"乡愁"钱的可能。那么，这5%的乡村有什么特点呢？这个论点概括起来基本立足分析的是旅游资源禀赋优异，以及地理区位优势，其中也包括重要的交通条件。按照5%的看法是拥有这两个条件，乡村才适合发展旅游。这两个条件非常重要，以前的不管是不是乡村旅游，只要是旅游，就得遵守着两个要素。这两个点都不像是要素，快成为制约了。好在，后来制约转变了。

因为旅游的方式转变了，交通转变了。传播转变了。目标也转变了。乡村旅游不仅仅是需要明星山水才能支撑旅游目标，甚至一个安静的普通郊区树林田野也能提供一个绿意盎然的小环境给予游客。游客也变了，并不都是白天看庙、晚上睡觉的观光客，逐渐加入和演变，体验不同空间和生活场景、活动方式，甚至组合不同人群游戏，也能给素常日子带来愉悦感受。这个建立在少许不同之上的愉悦就是乡村旅游百分比将不止于5%的基础。

旅游有一个挺实用的理论叫AVC，是由刘滨谊教授提出，三个字母分别代表旅游的吸引力，旅游的生命力，旅游的承载力。吸引力是对于主体来说的，对于客体来说就是目标，你要来玩啥。按照目标的说法，乡村旅游目标是一个可以放宽了的目标包，它最大的不同就是与城市不同。近年急剧拉升的城市化进度是一个催化过程，二者互相成就，反哺的机会中也包括了人口红利。

自然观光的明星人文历史也逐渐不再是唯一选择。就好像公路片，公路片也并不是一路美景，公路片的魅力在于疏离，在于与日常的规则的逸出。

既然是逸出，就不太一样。和平常的环境不太一样。既和原来的城市不一样，也和完全的乡村不一样。谁还没见过乡村呢？想象中的乡村必须也得有一点新意思。还不能新的过头，回到了城市。

德日韩

国外展开过了不同理论支持下乡村建设中旅游相关的实践，对于旅游开端于生态环境和自有产业，针对游客来源动机和产业的融合前进。

大家比较熟悉的是德国、法国、韩国、日本，还有中国台湾的一些模式。比较熟悉的语句是我们美丽乡村和听来的一村一品，等等。实际是什么样呢？

德国政府在乡村旅游中起步点是紧紧伴随着生态环保的理念，自然资源的保护不用多言了，乡村的旅游与发展结合措施，具体到

德国欧豪村　图源：德国农村，为何被称为"中国乡村振兴标杆"

了对曾经硬化道路地面的柏油路是否得当，选择性地恢复为植草砖，这种对环境的友善修改结合了对传统文化建筑风貌的保留，同时大力发展农业。旅游的主要形式是休闲农庄和市民农园。称为"巴伐利亚试验"。为什么是巴伐利亚呢？除去巴伐利亚对于德国人口流涉历史动因以外，北部巴伐利亚向来是德国民间民居建筑以及地域风光比较有特点的一个区域。容易吸引观光型游客，巴伐利亚区域还有其地理因素决定的经济作物利于美食和农产品加工销售。

他们前期的口号是"我们的乡村应更美丽"，后期的口号是"我们的乡村有未来"在坚持青山绿水的前提下，对乡村的修缮使得其建筑景观、环境、产业等得到了全面的振兴。从两个口号的延续性也可以看得争奇斗艳。这是一个从整顿形象到整顿产业和人口的计划。这二者之间得以衔接的或者叫作起步也好接引也好的媒介性产业是通过乡村旅游来完成的。

法国也是利用假日农业和家庭农业，从南法开始，结合了它们比较有特点的经济作物，就是红酒，葡萄的种植。

韩国政府鼓励发展乡村旅游，并从资金、政策和运营管理上予以扶植，韩国乡村旅游产业融合发展模式也有类似的举动，叫作"观光农园"和"周末农场"。

也是以"农家乐"为开始的。20世纪70年代，韩国面临日益扩大的城乡差距、解决农村劳动力"老龄化、弱质化"等社会问题，这些问题现在我们回顾会觉得非常眼熟。彼时韩国开展建设主要包括农村基础设施建设、创办民间经营组织、重视国民精神教育，全面发起了"新村运动"。整理乡村土地规划、开发乡村特色产业、改造乡村建筑、挖掘乡村特色文化等。

日本乡村旅游类型也是伴随着一个类似的名词——"造町运动"开始的。造町，从汉字来看很容易产生是无中生有建一个叫作××庄园的大别墅区的误解。日本走的道路还是很务实的。在二战之后，1955年到1971年间，日本的工业和非农人口增加了1830多万，总数达到4340多万人，占就业总人数的比重从61%提高到85%，同时期的农业劳动力则从1600万人减少到760万人，农村人口过少的现象使得日本农村面临瓦解的危机。所以，"造町"二字，是旨在建造乡村之精神，吸引乡村之人物。第一次活动由时任的农业大臣河野一郎提出"新乡村建设"的思想，通过加强农业、基础设施的建设提高乡村的经营水平。第二次乡村运动是著名的"造町运动"。以振兴乡村的产业为出发点，大力发展所谓1.5产业，以"一村一品"的乡村改造活动为目标。农家乐是不多，小吃摊小酒馆，可以买当地农副产品的店是多极了。哦，还有温泉，这大概是特有农家乐升级版——民宿。后来民宿这件事，在乡村旅游中开始成了气候，到处学习蔓延。

韩日的乡村旅游建筑，基本秉承了其历史上砖木低矮的材料形式，也有新建房屋，处处显示似乎设计师并无心名扬四海，基本面貌朴实，精致却无过多创新。这与我们今天在国内多数乡村建设中看到的趋势却不甚相同。似乎中国的乡村设计进入到了一个特殊形式的争先赛。

美国

美国是一个地广人稀自然条件上佳的土地，公路路网十分发达。城市化也早就发展到经历了郊区化的历程。对于居住在乡村，不是一件特别稀奇的事情。他们很多人早就居住在村里了。开车去往乡村，也不是一件困难的事情。他们的交通也基本上和我们一样村村通了。所以他们的乡村旅游并没有突然间掀起一阵热潮，本社就不少人都住在或者是接近算是村里。乡建的别墅型的居所并没有什么稀奇，吸引人的大

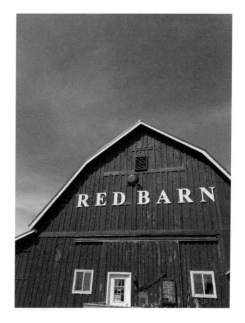

美国乡村谷仓改造餐厅街景

多是一些程度有限的历史见证物或者城里难得的乡间物品和乡村节日。我们关心的是他们的乡建的房子有什么不一样，都用来做了些什么产业和活动？谷仓不一样，它提供了一个大空间。

谷仓的用途

康涅狄格州的金羊毛餐厅，一系列的山路盘旋，这可是一个网红餐厅，有着一汪小得不能再小的湖水，不如说是一个池塘，但是很清澈，湖水与蓝天掩映，倒映着白云绿树，如果再加一个白塔和小船，就是我们熟悉得不能再熟悉的记忆了。然而，这里的建筑非常的不同，是一个刷了红漆的高大的全木的——谷仓。

内部空间的高大使得这里可以很容易地改造为公共活动使用功

美国乡村谷仓改造餐厅街景

能，并且成为了有高有低的兼具接待性大堂与三层餐厅和包间。有包间，这在一个纯美式的小餐厅里并不多见。这显示了谷仓农家乐的乡村建筑中的空间绝对优势。

高大的谷仓使用，并没有损害美国农民本身十分重视的家庭居所的私密性。本身谷仓不是居住用房，距离居所有一定距离，这里的改造后用途很类似街道转角的Pub（酒吧）。Pub本身就是"公共"的词头。不论形式还是功能还是心理，"公共"特点的谷仓对于乡村的隐居都是一个恰当的旅游选择。金羊毛餐厅远负盛名，千万别错以为是餐饮多么具有地方特色，无非就是汉堡沙拉牛排。就这样一个山窝窝里的木头谷仓，成为了网红店，这与国内网红的点实在大相径庭。作为一个乡村餐饮建筑，金羊毛既保持了自己的朴拙风格，又充分利用了空间特殊性，并且通过色彩与材质的简单形成了某种意义上的纯粹和突出。在蓝天绿草之间，高大的坡屋顶和红色也十分上相。

在传播角度，这个乡间建筑从功能上与形象是高度统一了，并没有影像化建筑与实用化功能分离。

金羊毛是网红店，但并不是孤例。我们横跨一下美国，穿行各种美国农村，都发现就在路边常常会经过一个门前停着几部车的谷

作者调研美国乡村拍摄

仓，装点着简单的门面。简单这个定语并不是一个随手的形容词，而是再三认真地反思，确认，这个老牌富裕发达的帝国的农家乐，确实是简单的门面。都没有过度复杂的建筑设计。

除了谷仓，美国类似的高大空间还有马棚那一类，类似于谷仓的非居所农用建筑。

马棚

在东部的小州康涅狄格，层峦叠嶂，森林贸易，人口不多非常安静。在内部，有一个安静中更安静的区域。安静到它的名字就直接叫作静谧角落"quiet corner"，内中有几个乡村旅游景点，吸引着其实也没有多少人的游客，我是其一。排好了时间，轮番开车去看了这几个可以说是藏在树林中的景点，首先他们都是农户个人开发的。如果能够叫作开发的话，都是极为分散的，规模很小的，利用自身农舍中从前的马棚或者牛棚，提供极简饮食和自己手工农业与养殖加工物品。旅游卖点各有不同。而建筑利用都有一些共同特点，利用大空间，改造为主，形成动物亲子活动或者特色餐饮。建筑材料以木结构居多，内部装修基本等于没有，外立面也是能不新加就不附加装修，装饰与景观装置完全是简约也简单。

在昔日马棚旁边的草地上养着羊驼，并以此来作为亲子活动的噱头——儿童羊驼节。我就是按照这个奇怪的节日的宣传单找到这里的。草场上，总共就几头动物，马棚里还专门为了游客扩展了类似于兔子、小鸡的小动物，可以抚摸、投喂。在马棚中划出一个区域是出售当地农户自己做的羊毛围巾、手套。

至于餐饮，如果你一定要吃的话，那就是热狗沙拉可乐了。

这样的谷仓型的农家乐和乡村旅游点，在东部原子化地散布在各处。在中部西部南部，只要下乡，都常常得见。仍然保持着可以一眼看出的清教徒一般的新英格兰农业文化传统。美国的历史并不十分悠久，不妨碍他们对自己的文化传统非常重视。我们的建筑印象中很容易认为美国的城市是资本世界的反复例证，是消费文化的起源和滥觞，从而把追求极致外形表现的美国个别设计代入到学习的路径中来。实际上，其人其水土的内心倔强在美国辽阔的乡村中并未消失。在此基础上的，建筑设计也仍然能够与它的农业文脉和宗教伦理保持着基本一致。

　　说农家乐，绝不装图书馆，说图书馆。就绝不装美术馆。说是乡村建设，就绝不装外太空。这是一种直接指向本质的建筑态度。并非把目标重点放在如何使得乡村建筑争奇斗艳，成为设计的一朵奇葩。这涉及乡村旅游的游客满意度。出来玩一趟，跑了那么远的路，看到的，吃到的，住到的，总得不虚此行。在满意度这一部分，David 先生总结出了6点游客满意度的影响因素属性：绩效、期望、

美国乡村活动景观

美国乡村活动景观

美国乡村餐厅景观

特性、情绪、公平和不一致。其中对期望值赋予 4 个评价因子：形象、交流、有形性、过去经历。期望值也是从主体角度说的，对于游客来说，就是需要体验到什么：外貌，互动活动，不同之处和能唤起自己情感的过去熟悉的地方。这个共振非常重要。我们以前在总结平遥电影宫设计策略时候，提出过，更新的选择——熟悉与陌生兼顾。就是为了提供给游客这个情感共振的基础。并不是某一种乡村建筑的标志符号运用与否就可以作为坚持文化传统与否的佐证。

是不是有坡屋顶和瓦屋面并不能成为潜心纳入乡村文化之中的判定，而是，能否从建筑表现之下村民长期对建筑使用的态度是如何来判断其适用与表征。

得体

美国这么一个农业发达，农民富裕的老牌资本主义国家，不见大量资本下乡，农家乐保持了绝对实用主义优先的朴实简单。乡村旅游建筑的简朴并不是放弃设计。

在康州有一个著名的乡村旅游点，叫作grace农场，由著名的设计师妹岛和世设计，距离周边几个城市都基本上一个多小时车程。依山而建，功能综合，有餐厅、咖啡、体育馆、图书馆，甚至还有一个剧场被称为圣殿。然而，当你身至其间的时候，你会感到这个圣殿也是一副农家乐的样子。

其设计结构是由一条细柱支撑的蜿蜒如蛇行的长廊不断在山间爬坡。这个长廊也是一条主要步行通道，中途穿起了几个功能房间，房间多为落地玻璃，保持轻快。曲线设计感十足，但是外形逻辑一目了然，出水去雕琢，建筑材料选用种类一只手数得过来。妹岛在别的建筑项目中并不是一个特别爱天然去雕琢的设计师，而在这里的乡建，开敞自然，简洁流畅。

在这个农场的建筑中穿行，会时时感觉到设计师的精心布置，甚至能够体会到类似于中国园林的长廊造景，步移景异，互相借景的感觉。妹岛和世是不大可能按照中国园林的技法作为设计开端的，但是其中努力追寻给予游客丰富感受的匠心是相通的。

grace农场剧场内景

其匠心同样也反映在建筑外貌差不多也是掩映山中，并不凸显。这个旅游点是真有图书馆，真有咖啡厅，真有体育馆，真有小剧场。但是都没有特意为之营造一个要么特别炙热、要么特别高冷的与众不同的创作。妹岛不是不追求高冷的人，在这样一个乡村建筑中，非常熟悉都市化的她选择了更乡村化。人在游历其中的时候，感受到的是这是一个乡村的、得体的环境。

设计这件事，一端是创新，一端是得体。创新太放纵，就难免不得体。

如果说东部的这些乡村太过分散，山岭居多，规模太小，难免就要渗漏出新英格兰的固穷特征。那么中部和南部主要旅游区域的农家乐建筑，是什么不同样子呢？

grace农场卫星图

grace农场景观

马上就要进入我们的主角——帝国农家乐。

"帝国农家乐"

"帝国农家乐"位于中部密歇根州一条小路边。名叫empire inn,

师出有名。这是最为服务型的乡村旅游服务设施，它最大的客户群是经过了附近著名5A级景点，叫作睡熊沙丘的溢出客群。整个睡熊区域是为了生态和景观纯粹性，是没有什么服务设施在其中的，甚至连卖瓶汽水的摊位都没有。生活服务都集中设置在车程十分钟之外的一个村里。在必经之路的旁边赫然挺立着这个——"帝国农家乐"。

"帝国农家乐"服务游客和本村人兼而有之，外立面的设计装修也是非常普通，与这个伟大彪悍的名字相当违和。我在一路寻找这个北美名称最豪横的农家乐的时候，差点就擦身而过。好在约我来的当地好友——梅恩，给出了准确的导航，她的炫酷的野马停在路边吸引住了我。

美国乡村餐厅

梅恩来自芝加哥，听说我要踏勘几个中部的乡村农家乐，她立刻地跟我说，她很为她祖国的农村自豪，但是我绝对会失望的。因为在她的印象中，美国的农家乐是非常不建筑的。"它们都没经过你们这样的设计师设计，唯一的设计来自房主，甚至连你们街区维多利亚小别墅的风格都不会有"。这是梅恩说的第一句话。我差点跟她说，什么维多利亚风格，我们做建筑的也没怎么听说过和认真定义过。我恰巧是不那么关心风格问题的，我只想看看一个房子的外貌实际起到了什么作用。"帝国农家乐"起到的作用是，门能通过和进出，窗户能看到外部，墙和屋顶能遮挡住一些风雨，基本都是木材建造，这与当地非常一致。它们的样子也都是有过选择的，显得温暖亲切，也可能房主只会温暖亲切，顺手就这么做了。

农家乐内部也非常简单，现在不是旅游季节，来吃饭的都是村里年轻人和几个常住在村里的动力伞爱好者。梅恩和我ＡＡ了一餐非常普通与任何一个餐厅绝无两样的披萨和意面以及可乐。永远不要指望在"帝国农家乐"吃到铁锅炖鱼。帝国的农家乐，起到的是最基本的生活服务而已。一个基本的生活配套设施，不需要一个网红的脸。

网红脸，不是多么坏的事，有些时候传播能够给予一个需要人流来访的村庄带来额外的收入。在网络移动终端成为传播重要渠道的今天，通过整容，网红一下，没什么需要谴责的。

但，网红也分立足于地面的网红，还是抓着头发拔离在半空的网红。

在中部的勇敢镇就是一个老网红，很接地气的网红。

勇敢镇

勇敢镇叫作Frankenmuth。这个词能看得出来，来自德语，本身就是来自两个德国词汇的变种。后一半大意是勇敢，前一半是代表着这里的移民故乡是来自德国的地名，意思是佛兰肯的勇气。可

美国乡村餐厅内部

能是当年德国的这群人（二十几个传教士）不远万里来到没有人烟的这块土地，耕种繁衍，实在不易吧。

　　Frankenmuth 地理位置处于底特律附近，距离底特律这个原来美国北部的重要大城市很近，大约一个半小时。我们知道底特律曾经是汽车生产的重镇，而 Frankenmuth 也是依托底特律发展，实际上它曾经有过汽车制造业和配套产业。

　　对于 Frankenmuth 的兴趣起源于去年我对另一个乡村旅游点莱文沃思的研究。莱镇有过自己的工业制造业的衰败，经过小镇的自我救赎，他们选择了一条巴伐利亚风格的文化旅游振兴之路，而且成功了。我一直好奇，莱镇是怎么好端端地决定打造一个德国式风貌的小镇的呢？恰好积攒了业内大量八卦的耶鲁一位高手指点我去

Frankenmuth 小镇纪念馆内景

Frankenmuth 小镇卫星地图

探访 Frankenmuth 这个原型。

文旅产业对于民族特色是非常欢迎的。特殊的民族风格的建筑风貌、山形水势、生活习俗、地方特产都作为观光和度假的核心资源产生巨大吸引力。当然，对于游客的殷勤也是一把双刃剑，消费文化下的旅游产业能够在什么程度上确立自己合适的发展和保护的平衡，一直是一个需要小心应对的变量。

面对大量来访的游客，我们往往有两条简洁的道路。一种是激进地改造，强调了，吃穿用度的功能便利性，或者就以提升当地城镇品质作为绝对优先。在牺牲原有风貌的考验中轻易放弃。另一种是刻意地迎合，把观众的好奇放在首位，一度走到了牺牲掉真实性，建立一个幕布戏剧场景式的活报剧。小镇的建筑和生活更多地让位于到此一游的客体选择。

376

在长沙、广州都有一个文旅项目是把大厦底层皮扒了，专门营建一个70年代的已经故去了的小城片段场景，老桌子老板凳老招牌老字画，专门吸引没见过这世面的年轻人来吃饭喝酒。这是不是一个建筑设计不是重点，它是使用舞美设计的方法来做一个空间。现在流行把它称为场景设计。这个场景设计在城市里可以坦然自得，在乡村里，需要考虑脆弱文化系统是否和谐相处，能否经受冲击。

这两种易操作的方式都分别被争议过很久，争议的几方（甚至不是两方），口干舌燥，似乎谁也没能说服对手。我们也无暇参与他们的论战，只用一位名记的话来总结，思维极度敏锐以至于说一套做一套最为擅长的库工说过一段大意如下的话：那些个有着美丽动人名声的名城，就像一个捕鼠夹一样，散发着诱人的香味，众多的游客纷纷前往。发现作为诱饵的奶酪早已不见了。

在奶酪的真实性与有效性上，Frankenmuth做得不错。它的舞美也好，场景也罢，恰恰与它的居民来源，历史演变，祖宗归属，结合在了一起，相得益彰。红得自然，红得持久。

勇敢镇的规划结构中有一条并不太长的商业主街贯穿小镇的中心。这里特殊的地方是集聚了大量的旅游商业，但是无非也就是酒店，餐厅，特色餐厅，酒吧，卖糖的店铺，这可是它们的传统文化特色。

离开主街不远就是小镇居民的住房。医院，运动场，小小博物馆。

并且，还有一个养老院。这里的商业街两侧显然有过整体的系统的设计控制，高度都在三层左右，两层居多。色彩和材质，比较

Frankenmuth 小镇商店内景

美国 Frankenmuth 小镇商店内景

统一，风貌以巴伐利亚的德国民族建筑为蓝本。整条街道房子各个不同，但风貌相当一致。

中间有个著名餐厅，主打鸡块和香肠的套餐，是整条街上最靓的仔，要预定要排队，是在美国乡村旅游难得遇到的当地风味的美食。美国的乡村，物质可谓丰富，然而，饮食从未发现什么特色。地不分南北，人不分西东，吃的没差别。这个卖土菜的餐厅，设计也是极端贴近街道整体风格，并没有做任何设计上自我挑战的创新。

Frankenmuth 小镇街景

这种基本遵照某个历史或者地域风格的民间建筑立面保持，在设计界中一般情况下非常不受推崇。因为设计不出点设计，就显得非常无能。设计师出于一个手艺人的职业危机，最怕的就是显得无能，至于建筑是不是需要这些创新，适合不适合创新，常常忘掉考量。所以，创新倒成了魔咒。

浓郁的德国民族风格，给这个小镇带来了充足的人气。接着，他们开始做了一个真正的文旅产业——一个主题旅游用品商店。

这个主意实在泛滥，就是目前国内流行的文创用品。他们的主题聚焦在一点上——圣诞。圣诞大超市。

可别小看这个超市，这是全北美最大的圣诞玩具和装饰品集散地。只有一层，平铺开的超级大厂房的模式，面积足有十亩地。但是建筑仍然非常简单，如果说设计，也就是加了很多主题性的小装饰和景观。这并没有影响它的乡村国际贸易。每年有超过200万人到此一游，仅明信片就可以销售10万。

室内是仓储超市的格局，各种圣诞用品琳琅满目，基本也就不用

Frankenmuth 小镇街景

室内装修了。这些漂亮的小东西，基本都是中国制造。里面的收银员
老奶奶很友善地跟我开玩笑，你会再把它带回中国去吗？我想说，我
会的，我会把这个勇敢的国际贸易方式介绍回我们的乡村去。

美国圣诞用品大超市内景

升级

　　旅游是一个可以少投入、巧投入，建立号召力，吸引人气的规模灵活的产业。其具有能与生活配套服务设施融合的产业特征。可以作为村镇新的产业结构的先头部队。一触即退，借人气引关注，启动配套建设。小型化的旅游启动是综合产业结构的优秀辅助角色。完成了启动就完成了任务，再视其他产业发展跟进情况确定进程。长期大型的旅游产业建设往往未必具有基础，也要很久的哺育养成期。不是怕久，是怕因久而失、因久而空作负累，把黄金时间窗口投入的珍贵人力物力落一个千秋大业日后评说的自我解嘲。如果是一个产业连绵带或者具备市、县、镇、村网络化条件，可以整体系统看待乡村的旅游建设，各自小规模轻快投入，拉开各自性格目标旅游对象，区分名胜观光养生度假。形成一个联合旅游产业，反而是值得期待。

所以特色乡村中的旅游份额不是一个必备条件，而是一个产业选择。这个特殊的产业可以巧妙地完成产业分期建立人物，虽然并无甚发展前景但仍然可以充作先锋。

中国是有一个农家乐阶段的，这是一个本土生产的概念。随着乡村和老城内的产业升级，经济变化，服务于其的餐饮业态也在升级。

广西某村酒楼升级公告牌

然而伴随其升级的更新设计，如何理解这一个改变服务对象但不改变服务性质的过程。避免将农家乐的升级理解为一个狭窄化专注外貌改变的概念。其原本粗糙未经巧妙设计形式的表达，常常被认为不够精致和高级，缺乏外貌的吸引力，容易走向另一个极端，过度给予设计形式感。

在升级换代时刻，设计总是要一瞬间摆脱过去的粗粝面貌。一半来自从未经历这么快速城市化过程的时代对于城市的巨大魅力的五体投地，物质崇拜。一半来自从未经历这么大的消费文化清洗的设计教育，以至于坚持祛魅已经成为了另一种可消费。保持对乡村的建筑尊重其实要求非常简单，做好功能，外貌中人可也。给乡村过度的设计，不算是未富先娇，也算是买椟还珠。

中国的农村没有多少谷仓，但是有不少同样的公共的，高大的，工业、工坊或者仓储遗存。至于功能，寻找乡村大空间仓库，工坊，牲口棚，自然能够获得一些有趣的体验感受。村镇内部曾经遗留的非居住建筑，稍加改变使用功能，成本可控，在乡村里颇能用途多多的。

对于工业遗存的改造利用，英国的更新有过很好的例子。

对它的研究，可以看出另一个如此老牌的帝国，也有着清晰的认识。在功能内容和形式以及投入产出之间的认识拿捏上，表现出了清晰冷静的自我控制。

较好的克制，对于投入上和服务对象上都同样有克制的节奏。在其一系列更新过程中，如影随形的绅士化过程也得到了基本的时间节奏。

绅士化，向来是一个无法避免又无法回避，也无法简单定义辨析优劣的问题。

那将是另一段漫长的故事。